U0078007

1週學會 Google Analytics 4
迅速打下分析基礎

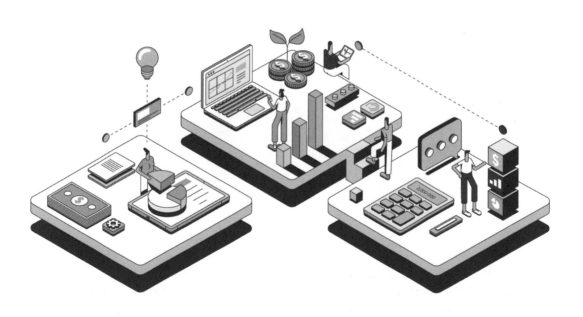

1SHUKAN DE GOOGLE ANALYTICS 4 NO KISO GA MANABERU HON
Copyright © 2021 Nozomu Kubota, Toshiaki Ejiri, Kazuhiro Kida, Hideo Kamiya, Masakazu Isozaki, Tomohiko Yamada, Kazutoshi Tomita, Kei Satou, Toshihiro Okayama, Kazuki Serizawa, Osamu Takahashi, Tomokazu Nagai, Keiko Shimada, Kazuki Okimoto, Nobuhisa Inaba, Yamato Abe, Daisuke Imizu, Michiru Imura, Kaori Furuhashi, Yuya Tanaka, Noritaka Ishimoto, Shouji Koike, Hinako Kawamura, Shuichi Iimure, Miki Shirouzu, Hidenori Sasaki, Rei Suzuki, Ayumu Ohoka, Haruka Kawamura, Keiji Fujita, Taku Ogawa.
Chinese translation rights in complex characters arranged with Impress Corporation through Japan UNI Agency, Inc., Tokyo

前言

本書乃是一部專為 Web 行銷人員而寫，解釋 Google Analytics（分析）4 之基本原理的入門指南。身為行銷人員的我們，常常在追求某些確定答案的道路上掙扎與痛苦。所有涉足網路相關業務的人，皆不可避免地身處於承擔某些責任的立場。大部分人被迫必須從有限資訊之中迅速找出有效的消息，並以此作為行動依據，推進團隊的動作。

Google 分析便是行銷人員工作中一項不可或缺的工具。GA4 作為 Google 分析的最新版本，於 2020 年 10 月問世。然而，它的功能大幅提升，使得許多原本運用自如的 Google 分析行銷人員感到迷惘。

在此情境下，背地裡默默自學、一舉扛下責任的孤獨行銷人員其實並不少見，他們最看重的往往是高效率的學習機遇。因此，本書目的在於儘速提供 GA4 的全貌和基礎知識。

本書結構精心設計，讓讀者能夠以最高效的方式學習。首先，本書分成 7 章節，設計成 7 天內便能完讀，每天進展一章，使知識能夠無負擔地灌輸。當人們帶著激動和興奮的心情投入「學習」時，便是人們獲得重大成長的契機。

倘若本書能成為您人生新階段的美好起點，那麼沒有什麼比這更令人欣喜的了。

最後，我想深深表達對參與本書撰寫的所有人的感激之情。如果沒有他們的傾力協助，這本書就無法完成。我由衷感謝他們，並向他們表達誠摯的謝意。

（以下敬稱略）

江尻俊章	島田敬子	永井那和	佐々木秀憲
小川卓	岡山寿洋	田中佑弥	阿部大和
木田和廣	富田一年	大岡 夢	石本憲貴
礒崎 一	井水大輔	鈴木玲	飯牟礼秀一
神谷英男	白水美早	沖本一生	山田智
湊川あい	小池昇司	稲葉修久	河村悠佳
佐藤佳	伊村ミチル	芹澤和樹	藤田恵司
	高橋修	川村日向子	古橋香緒里

感謝久保靖資先生為編輯付出的努力，也感謝 Impress 編輯部的各位。

窪田望

得意

我已經知道
怎麼設定了

我想學會理解
報表和活用資料
探索的方法

波索前輩

這本書
同樣適合已經
有基礎的人！

首先請參考全書目錄，
掌握你目前的所在地

我從第 3 天的
內容開始好了

收集與確認
額外資料的
方法

探索的應用

探索的基礎

我就從
最開始學習吧 ♪

報表介面理解

GA4 初始設定

與此前 GA 版本
的差異

已經有
Google Analytics（分析）
使用經驗的人

Let's
go!!

也可以從第 1 天的
內容開始，一邊複習
一邊前進喔！

角色介紹

網頁分析師協會的官方角色「傑士犬」，在本書漫畫部分登場的行銷新人。

傑士犬

■ 傑士犬的特色

服務於東京某公司的行銷組新人。

為了有朝一日成為厲害的網站分析師，每天都在學習的路上。

擁有在遇到困難時，厲害的人們會紛紛出力幫助的神祕幸運體質。

背上的 W 記號以及如同貝果形狀的尾巴是魅力之處。

喜歡的東西：羊肉、香菜

不擅長的東西：讓人感到壓力很大的對象（波索前輩）

本書特色

爲了 Google Analytics 4（GA4）的初學者 而寫的入門書

本書主要針對過去曾經或現在正在使用 Google Analytics（通用分析）的讀者，解釋 Google Analytics 4（以下簡稱 GA4）的內容和使用方法。

GA4 甫推出於 2020 年 10 月，所以可能還有許多人不太了解。本書是一本適合 GA4 初學者從零開始學習的入門書籍。

此外，本書還系統性整理了 GA4 的資訊，所以即使是已經對 GA4 有所了解的讀者，在確認知識時也會發現內容相當有益。^{譯註}

然而，對於那些從未接觸過 Google Analytics，或者完全沒有 Google Analytics 知識的人來說，可能會遇到一些難以理解的解釋。如果能夠搭配閱讀《最親切的 Google Analytics 入門教室》，將有助於您更深入理解。

譯註 在本書頁尾的註腳中出現的說明頁面，可捲動至網頁最下方，將語言選項切換爲繁體中文版本。

■ 一週內學會 GA4

本書的結構安排為「第 1 天」、「第 2 天」...... 以此類推，讓您能夠每天學習一部分，並在 7 天（1 週）內完成整本書。每天的學習量都控制在合理的範圍內，不會讓您感到吃力。藉由為期 7 天的學習計劃，您可以按部就班地學習，享受有趣且高效的 GA4 學習過程。

■ 以漫畫生動呈現各章學習重點

從「第 1 天」到「第 7 天」，每一章開頭都附有漫畫解說。網路分析師協會的角色「傑士犬」和各章作者會以漫畫的形式進行解釋，幫助您迅速掌握該章的重點概要，並以有趣的方式推進學習進度。

本書作者群

■ 由網站分析師執筆

本書由 GA4 研究會企劃，這個研究會是由網站分析師協會成員志願組成的團體。GA4 研究會的成員各自擁有不同的專業領域，並根據自己的專長進行撰寫與發揮。GA4 研究會計畫未來繼續進行有關 GA4 的研究，積累專業知識，並進行資訊分享等活動。

此外，GA4 研究會成員持有的「網站分析師認定資格」能夠使人掌握引領事業成功的網路分析技能。如果在閱讀完本書後，您還希望進一步提高網路分析的知識和技能，我們建議您參加「網站分析師認定資格」的課程。

【關於網站分析師認定資格】
網站分析師認定資格是一個民間資格認證，由一般社團法人網站分析師協會主辦，旨在為習得「網站分析」這一作為網路行銷知識與技能基礎的領域提供「系統化的學習環境」和「技能評價標準」。網路分析師認定資格共有 3 個等級：「網站分析師」、「高級網站分析師」以及「網站分析師大師」。截至 2020 年，已有超過 41,000 人參加了這一認證。

● 一般社團法人網站分析師協會
　https://www.waca.associates/jp/

本書的使用方法

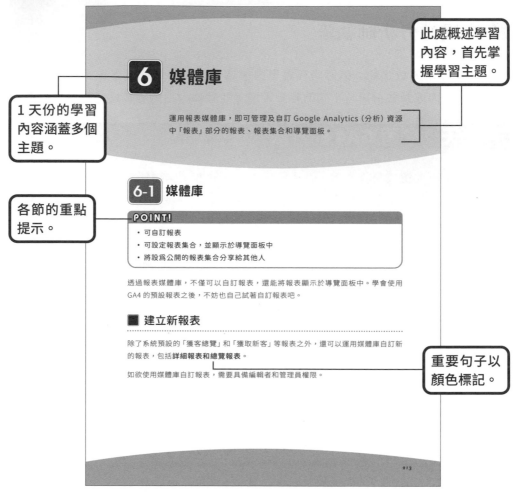

此處概述學習內容,首先掌握學習主題。

1 天份的學習內容涵蓋多個主題。

6 媒體庫

運用報表媒體庫,即可管理及自訂 Google Analytics (分析) 資源中「報表」部分的報表、報表集合和導覽面板。

6-1 媒體庫

各節的重點提示。

POINT!

- 可自訂報表
- 可設定報表集合,並顯示於導覽面板中
- 將設爲公開的報表集合分享給其他人

透過報表媒體庫,不僅可以自訂報表,還能將報表顯示於導覽面板中。學會使用 GA4 的預設報表之後,不妨也自己試著自訂報表吧。

■ 建立新報表

除了系統預設的「獲客總覽」和「獲取新客」等報表之外,還可以運用媒體庫自訂新的報表,包括**詳細報表和總覽報表**。

如欲使用媒體庫自訂報表,需要具備編輯者和管理員權限。

重要句子以顏色標記。

213

● **本書所使用的符號**

符號	說明	符號	說明
重要	為了掌握 GA4 一定要理解的內容	參考	拓展知識的參考資訊
注意	實際操作時的必要準備或注意事項	用語	重要用語與定義

# 目錄

第 1 天　學習 GA4 的方法

1 目前為止的 Google Analytics

2 GA4 總覽——此後的 Google Analytics

第 2 天　遷徙到 GA4 與新帳戶設定

1 GA4 的初始設定

2 使用 Google 代碼管理工具的初始設定

3 使用與設定 GA4 事件

4 設定轉換

5 IP 位址排除設定

第 3 天　GA4 報表介面說明 1

第 4 天　GA4 報表介面說明 2

第 5 天　探索的基礎

第 6 天　探索的應用

第 7 天　收集與確認額外資料的方法

附錄　FAQ：常見問題

第 **1** 天

學習 GA4 的方法

第 1 天的學習內容

在第 1 天，我們要學習 Google Analytics
第 4 版和之前的版本有什麼差異。我們應
該如何看待 GA4，以及如何使用 GA4 呢？
本章將說明 GA 的歷史演變與推出 GA4 的
時代環境變化等背景知識。

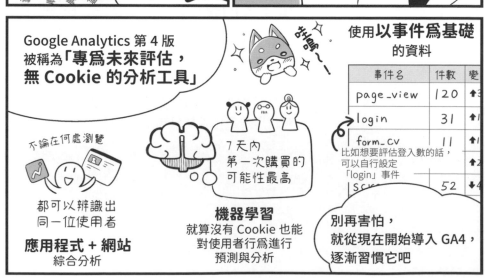

1 目前爲止的 Google Analytics

本節內容是在正式學習 GA4 之前，首先認識 Google Analytics 的基本知識。具體內容包含「Google Analytics 是什麼？」、相關用語、功能變化等主題。

1-1 Google Analytics 究竟是什麼？

POINT!

- Google Analytics 能夠達成哪些事情
- 在學習 GA4 之前掌握基本技能

在學習「Google Analytics 第 4 版」(以下簡稱 GA4) 之前，我們將透過本節內容首先了解 Google Analytics 究竟是什麼。

■ 由 Google 提供的流量分析工具

Google Analytics 是 Google 免費提供的流量統計分析工具，蒐集網站或應用程式的資料。只要在網站或應用程式上安裝指定的追蹤碼 (用於流量追蹤的代碼)，就可以獲取進站流量的資料。

安裝追蹤碼後，就能查看造訪網站的使用者數量、造訪次數、瀏覽的頁面等資訊。透過持續分析這些進站流量，觀察數值的變化趨勢，思考新的策略或找出可以改善的地方。流量分析已經成為一種實現 KPI (**關鍵績效指標**) 的重要工具。

■ 分析網站資料，做出決策

所謂的流量分析工具，是用來確認管網站流量資訊的工具。你可以檢視網站造訪數量的趨勢、造訪路徑的變化，進而分析數值的增減或變化。你可以善用這些分析結果，研擬新的策略或改善方案。

例如，你想要進行廣告投放，正在考慮要使用 A 頁面還是 B 頁面，你也許會依靠直覺或經驗等**質性資訊**來做決定。如果在這時使用 Google Analytics，就能比較每個頁面的離開率，根據以事實資料為基礎的**量化資訊**進行決策。將質性分析和量化分析兩相結合，你可以提出**更有說服力的假設**。

此外，Google Analytics 還可以整合不同媒介的網路廣告資訊，測量廣告成效。投放網路廣告的媒介包括 Google、Yahoo! JAPAN、Facebook 等等，如果想要評估廣告成效，必須到個別媒介的管理頁面中一一查看。

Google Analytics 能夠**整合不同媒介，統一檢視流量資訊**，因此你可以在同一個視窗中顯示各家資料，評估哪個廣告媒介的成效最好。

■ 從多元角度整理資訊

Google Analytics 服務可以輕鬆彙總和篩選測量資料。具體來說，你可以設定每個項目（維度）中的數值（指標）資訊，以及如何在哪些條件（區隔）下進行排除（篩選），進行更靈活的資料分析。

例如，Google Analytics 可以輕鬆地收集並計算出「有多少年齡介於 35 歲到 44 歲之間的男性透過自然搜尋，抵達聯繫表單頁面」。

此外，統整好的資料能夠以 PDF、excel、csv 資料等形式下載，因此即使是無法使用 Google Analytics 服務的人也能夠讀取、共享這些資訊。

1-2 Google Analytics 的歷史

POINT!

- 若以世代來劃分 Google Analytics 版本，GA4 為第 4 世代
- 理解第 1～3 世代的功能變化，更能掌握 GA4 的特色

接下來，我將分世代介紹 Google Analytics 服務的功能演變。

如同家用遊戲機這一領域，隨著科技進步與時代推移，任天堂的紅白機、超級任天堂、Wii、Switch 等居家娛樂設備紛紛問世，Google Analytics 服務也歷經了幾個世代的更迭才走到今天，而回顧每一世代的演變過程，有助於更加理解 GA4。

■ 第 1 世代（urchin.js 時代）

世界上第一個網站在 1991 年問世，直到 2004 年左右，這是工程師或其他負責伺服器管理的人員進行日誌分析的時代。網站的主要指標是瀏覽量和點擊量，雖然我們可以看到這些數字的變化，但很少有專門的負責人利用這些資料針對業務進行改進。

從 2005 年開始，企業間開始採用網站流量分析服務。同年 3 月，Google 收購了付費分析工具「Urchin」，並以該服務為基礎開發出 Google 分析（Google Analytics），在第一代中使用了名為「urchin.js」的標籤（追蹤碼）。Google 分析的出現，使得行銷部門在處理流量資料上更為容易，主要指標更加關注使用者行為，例如工作階段數、使用者數量等。

- 「urchin.js」的追蹤碼

```
<script src="http://www.google-analytics.com/urchin.js" type="text/javascript">
</script>
<script type="text/javascript">
_uacct = "UA-xxxxxx-x";
urchinTracker();
</script>
```

用語　Google 分析的標籤（Tag）是一段 JavaScript 程式碼，它從網站蒐集資料並傳送到 Google 分析。透過在網站上安裝這個標籤，使用者行為的資料就會累積到 Google 的伺服器上，並且可以在 Google 分析服務中查看這些統計資料。Google 分析的標籤又被稱為「追蹤碼」。

■ 第 2 世代（ga.js／ga.js（dc.js）時代）

2007 年開始提供第二世代「ga.js」，俗稱「經典標籤」，其中一個特色功能是事件追蹤，能夠測量不涉及網頁移動的「動作」（也就是「事件」），例如文件下載次數或是電話按鈕的點擊次數等。此外，隨著電子商務追蹤功能的出現，此時的 Google 分析服務可以分析電子商務的收益或是轉換率。

• 「ga.js」的追蹤碼

```
<script type="text/javascript">
var gaJsHost = (("https:" == document.location.protocol) ? "https://ssl." : "http://www.");
document.write(unescape("%3Cscript  src='"  +  gaJsHost  +  "google-analytics.com/ga.js'
type='text/javascript'%3E%3C/script%3E"));
</script>
<script type="text/javascript">
try{
var pageTracker = _gat._getTracker("UA-xxxxxx-x");
pageTracker._trackPageview();
} catch(err) {}
</script>
```

2009 年，非同步追蹤碼「ga.js（dc.js）」發布。與過去的同步追蹤碼相比，資料讀取變得更加流暢，改善了原先可能影響網站速度的因素。這時也新增了如報表介面和自定義報表等功能，可以說 Google 分析的主要功能在第二世代時已經成型。

- 「ga.js（dc.js）」的追蹤碼

```
<script type="text/javascript">
var _gaq = _gaq || [];
_gaq.push(['_setAccount', 'UA-xxxxxx-x']);
_gaq.push(['_trackPageview']);
(function() {
var ga = document.createElement('script'); ga.type = 'text/javascript'; ga.async = true;
ga.src = ('https:' == document.location.protocol ? 'https://ssl' : 'http://www') + '.google-
analytics.com/ga.js';
var s = document.getElementsByTagName('script')[0]; s.parentNode.insertBefore(ga, s);
})();
</script>
```

■ 第 3 世代（analytics.js 時代）

2012 年發布的 Google Analytics 第 3 版，與以往的 Google 分析相比，能夠在多種裝置和應用程式上進行流量統計，因此被稱為通用 Analytics（分析）（Universal Analytics）。首先，讓我們來看看嵌入到網站 HTML 程式碼中的標籤（追蹤碼）。

- 通用 Analytics（分析）追蹤碼

```
<script>
(function(i,s,o,g,r,a,m){i['GoogleAnalyticsObject']=r;i[r]=i[r]||function(){
(i[r].q=i[r].q||[]).push(arguments)},i[r].l=1*new Date();a=s.createElement(o),
m=s.getElementsByTagName(o)[0];a.async=1;a.src=g;m.parentNode.insertBefore(a,m)
})(window,document,'script','//www.google-analytics.com/analytics.js','ga');

ga('create', 'UA-XXXXXX-Y', 'auto');
ga('send', 'pageview');
</script>
```

你可以在上述代碼的第 5 行，看到載入的 JavaScript 檔案名為「analytics.js」。從第二世代（ga.js 時代）到通用 Analytics（分析），主要有以下 3 個重大變化。

第 1 天

1 目前為止的 Google Analytics

> ① 跨網域追蹤功能
> ② 採用 User-ID，實現跨裝置追蹤
> ③ 更加精細的追蹤測量

① 跨網域追蹤

首先，我們先來認識一下什麼是「跨網域」。橫跨多個網域（URL）的流量統計，被稱為**跨網域追蹤**，比如以下情境：

- 例 1：如果你經營一個購物網站，並且從其他公司租借付款系統

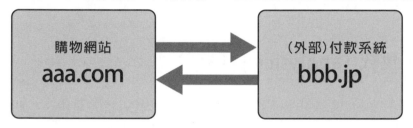

使用者在 aaa.com 這個網域中瀏覽商品，但是在將商品放入購物車到完成付款等流程時，則是在 bbb.jp 這個網域中下進行。在這種情況下，即使使用者行為橫跨了不同網站，我們依舊需要一個能夠追蹤這些行為的系統。

- 例 2：經營多個網站，想要平行測量資料

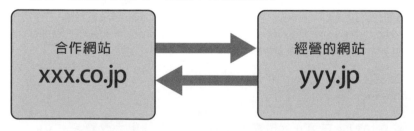

這個例子是同一家公司經營多個網站，在掌握每個網站的流量數值的同時，也想計算總價值（在本例中，xxx.co.jp 和 yyy.jp 作為一個整體的工作階段數和頁面瀏覽量）。

在 Google Analytics 服務的第 2 世代中，如果同一個人在同一部裝置上造訪不同的網域，系統將視為不同的人。在通用 Analytics（分析）推出之後，即使在跨網域的情況下，也能將其辨識為同一位使用者或同一次造訪。

② 使用 User-ID 進行跨裝置追蹤

在購物網站或能進行會員註冊的網站中，一般都配備了使用 User-ID 進行登錄的系統。在這些網站的使用者中，許多人會使用多種裝置（如智慧型手機、平板電腦、個人電腦）來瀏覽網站。然而，在 GA4 之前，也就是在第 1 到第 3 世代中，基本上無法將跨多個裝置的相同使用者判定為同一個人。但在通用 Analytics（分析）中，可以利用 User-ID 進行跨裝置追蹤，**將跨裝置的使用者識別為同一個人。**

③ 更加精確的追蹤測量

與第 1 世代、第 2 世代的時期相比，網路環境日新月異，已經發生了巨大變化，網站結構和使用者行為也變得越來越複雜。為了因應這些變化，Google Analytics 的選單和功能也隨之進化迭代，能夠更精確地評估及測量使用者行為。

其中一個例子就是**自動追蹤功能**，它可以讓人們以最少的努力最大限度地利用 Google Analytics 的各種功能。例如，啟用自動追蹤功能後，可以測量外部網站的連結點擊數或表單引導按鈕的點擊數等除了網頁閱覽之外的使用者行為，進而大大拓展了流量分析的範圍。

■ gtag.js 時代

全域網站代碼（gtag），在第 4 代帶來了資料統計機制的重大改變。

具體來說，Google Analytics、Google Ads 等服務的標籤（追蹤碼）各不相同，每個**產品**都需要**安裝追蹤碼**，但隨著全域網站代碼（gtag）推出，使用同一則標籤運用到多個產品服務上。此外，追蹤碼也發生了以下變化：

・gtag

```
<script async src="https://www.googletagmanager.com/gtag/js?id=UA-xxxxxxxx-1"></
script>
<script>
window.dataLayer = window.dataLayer || [];
function gtag(){dataLayer.push(arguments)};
gtag('js', new Date());
gtag('config', 'UA-XXXXXXXX-Y');
</script>
```

gtag 的出現，使得與其他產品（例如 Google Ads）的協同作業變得更加順暢。過去需要在每個產品中設定個別的追蹤代碼，現在則不再需要重複設定，讓分析作業變得更加簡單 [1]。

另外，傳統的 Google Analytics 是使用 Cookie 來識別使用者，因此缺點之一是在受到 **ITP 功能** 影響的 Safari 瀏覽器上，使用者追蹤的準確度較低，而 gtag 對此進行了改善。不僅限於網站，透過引入 SDK，還能夠支援追蹤各式數位媒體，例如應用程式（APP）。

參考

關於 ITP 功能
這是 Intelligent Tracking Prevention 的簡稱。這是在 2017 年 9 月 20 日 APPLE 針對 iPhone 和 iPad 的 iOS 作業系統，以及 MacOS 的 Safari 瀏覽器所發布的一項「反跨網頁追蹤」規範。此規範限制了利用 Cookie 對使用者進行的追蹤監控、廣告投放以及重新定向。

■ 第 4 世代（GA4 時代）

美國時間 2020 年 10 月 14 日，GA4（Google Analytics 第 4 版）正式問世。這個名稱中的「4」代表它是 Google 分析服務的第 4 世代產品。此外，GA4 的前身是 2019 年作為測試版發布的「App + Web Properties」，將過去必須分別追蹤測量的**網站和應用程式資料整合**，進行綜合分析。

※1 https://developers.google.com/gtagjs?hl=ja

- **網頁追蹤與應用程式追蹤的變遷**

GA4 還擁有其他新功能。也許你會問「GA4 與之前的 Google 分析有什麼不同？」或者「具體來說，現在它能辦到什麼？」也有人可能會因為聽到像「使用者介面（UI）截然不同」、「測量指標變了」和「機器學習功能進化了」等碎片化的情報而對是否應該引進 GA4 感到猶豫不決。

針對這些疑問和顧慮，第 2 節將以「未來的 Google Analytics」為主題，對 GA4 服務進行總覽性解說。

在第 1 天的尾聲，我們也準備了一些練習問題。請務必利用這些問題進行回顧，確認你對本章內容的理解程度。

2 GA4 總覽——此後的 Google Analytics

在本節中，我們將學習 GA4（Google Analytics 4）的基本概念。具體來說，我們將介紹 GA 版本更新的背景、特色以及 5 項優點、常見誤解和問題，以及順暢導入 GA4 的注意事項。

2-1 更新的背景

POINT!

- 過去的 GA（Google Analytics）需要整合智慧型手機和應用程式資料，提供更全面的分析環境。
- 過去的 GA 需要進化成更加注重隱私的工具。

為什麼會推出 GA4 呢？這是因為自 Google Analytics 這項服務誕生以來已經過了約 15 年，社會環境出現了極大的變化。其中，「科技進步」和「全球對隱私的重視」是催生 GA4 問世的深刻因素。

■ 隨著科技進步衍生的課題

在使用網際網路進行數位行銷的過程中，我們一直依賴於瀏覽器提供的 Cookie 機制來瞭解使用者在廣告和網站上的行為。然而，隨著平板和智慧型手機愈發普及，使用者開始使用多種終端裝置和瀏覽器，導致近年來使用者行為越來越難以被追蹤。

此外，在通用 Analytics（分析）中，我們主要是在網頁層級上查看網站資料。但是，隨著像應用程式和影片這類沒有「網頁」概念的內容出現，對應用程式和網站進行綜合分析也變得更為複雜。

■ 隨著隱私重視而生的問題

隨著 GDPR（歐盟《一般資料保護規則》）和 CCPA（美國《加州消費者隱私法案》）等法規推行，尊重隱私已經成為全球化的標準。對於數位行銷來說不可或缺的 Cookie 資料，雖然已經經過匿名化處理，但根據 GDPR 和 CCPA 法規，這些資料仍被認定為個人資訊。

在日本，Cookie 尚未被視為個人資訊，但一旦 Cookie 與其他資訊產生關聯，就會被視為同等於個人資訊，因此需要格外謹慎處理。這包括在收集和使用 Cookie 之前要取得使用者同意，或是提供退出（Opt-out）機制。

■ 爲未來而生，無 Cookie 的分析工具

在此背景下，GA4 的發布就是為了實現以使用者為中心的分析，同時兼顧隱私。過去一直是使用 Cookie 來追蹤造訪網站的使用者，而現在的我們猶如站在一個十字路口上，見證時代的變遷與網路行銷分析技術的變化。

那麼，如果不再依賴 Cookie，我們該如何獲取這些流量資料呢？為了解決這些問題，GA4 的流量追蹤方式和功能得到了大幅度更新。讓我們從下一頁開始，詳細看看究竟發生了什麼變化。

2-2 特色與五大優點

POINT!

- 與過去版本的不同之處主要有 3 個：使用者介面（UI）、追蹤方式和分析功能。
- 更新使用者界面和報表選單，實現更直覺的操作。
- 以事件（Event）為追蹤單位，更準確掌握使用者行為。
- 運用機器學習與 BigQuery 連結，拓展分析的可能性。

相較於過去的通用 Analytics（分析），GA4 進行了大幅度的更新，甚至可以說已經成為了一個全新的產品。如果要簡單說明它有哪些變化，可以歸納為 3 個主要部分：「**使用者介面（UI）**」、「**追蹤方式**」和「**分析功能**」。

接下來我將逐一介紹這些變化，並且說明 GA4 的優點。

■ 使用者介面（UI）更新

對於熟悉通用 Analytics（分析）的人來說，GA4 擁有顯著不同的使用者介面（UI）。舉例來說，請看以下這兩個「即時」報表畫面：

- 通用 Analytics（分析）的「即時」報表畫面

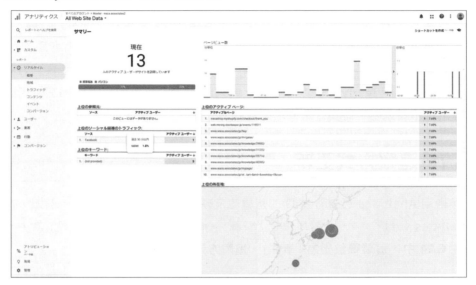

- GA4 的「即時」報表畫面

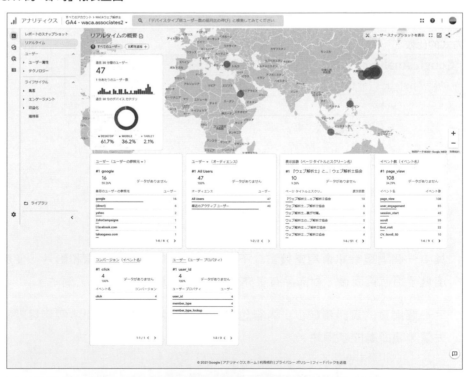

● 更符合直覺的多樣化操作與圖表

報表選單在 GA4 中被大致分為 5 個主要類別：「報表」、「探索」、「廣告」、「設定」和「管理」。此外，GA4 也進化為一個更加直觀的使用者介面（UI），能夠輕鬆建立各式圖表。一些過去存在的項目可能已被移除或整合，對於習慣使用通用 Analytics（分析）的人們來說，這可能會造成一些困惑，因此請透過本書內容，確實地理解這些差異。

■ 流量追蹤方式更新

GA4 與通用 Analytics（分析）之間的差異也反映在流量的追蹤方式上。例如，在通用 Analytics（分析）中，追蹤單位是「網頁」，而追蹤方法以「工作階段」為主。然而，**在 GA4 中，追蹤單位變為「事件」，追蹤方法則變成「使用者」。**

這意味著我們需要從一個全新的角度來觀察、詮釋資料。一開始難免會有點困惑，但這種追蹤方式其實更能準確掌握使用者行為，也更容易分析促成轉換（conversion）的真正因素。

追蹤方式的比較

Google Analytics 版本	追蹤單位	追蹤方法
通用 Analytics（分析）	網頁	工作階段
GA4	事件	使用者

● 更加詳盡分析使用者行為

那麼，當流量追蹤方式改變，使用者行為分析會有什麼變化呢？

例如，假設此時有兩張介紹某項商品的網頁。

其中一個網頁資訊量相當豐富，不僅有文字介紹，還有圖像和影片。使用者瀏覽了這個頁面後，對商品有了充分了解，因此滿意地離開了網站。

另一個網頁的資訊量較少，內容也難以理解。使用者一點開這個網頁就感到失望，隨即離開了網站。

這兩種行為儘管完全相反，但在以往的流量追蹤方法中都會被歸類成相同的「跳出」行為，導致我們無法正確掌握使用者的行為。

因此，在 GA4 中，透過**追蹤使用者的操作和行為（＝事件）**來捕捉這些差異。雖然在傳統的通用 Analytics（分析）中也可以利用設定追蹤碼設來做到這一點，但 GA4 可以自動計算這些常用事件，因此更加方便。舉例來說，可自動收集的事件包括網頁瀏覽「page_view」次數、網頁捲動「scroll」率、PDF 的下載「file_download」次數、以及外連點擊「click」次數等等。

此外，**不論裝置或平台為何，都可以在同一份報表中查看所有事件**，全面追蹤和分析使用者行為。而且，追蹤數值的變化趨勢會出現在自動洞察報表中，使統計分析工作變得更加高效。

什麼是「事件」？

用語

事件是指使用者進行的點擊等操作和行為，包括捲動網頁、下載 PDF、提交表單、播放影片等等。在 GA4 中，有以下幾種類型的事件：自動收集的事件、加強型評估事件、建議事件與自訂事件。

支援 Youtube

參考

此外，GA4 也可以連結 YouTube 上的影片。若要在報表中顯示透過觀看 YouTube 影片而產生的轉換事件，則需要連結 Google Ads 帳戶，並啟用 Google 信號。這樣一來，就能將 YouTube 的影片觀看所產生的轉換，與來自 Google 或非 Google 的付費渠道、Google 搜尋、社群媒體、電子郵件等其他轉換共同檢視，進而統整與了解所有行銷活動的成效。

● 整合網頁與應用程式資料的分析

過去，網站流量追蹤通常使用 Google 分析，而應用程式的流量追蹤則使用 Firebase Analytics 等，分別計算兩者的使用者行為。因此，透過網站造訪的使用者和透過應用程式造訪的使用者會被認定為不同的使用者來進行計算。然而，在 GA4 版本中，新增了一個「**資料串流（Data Stream）**」的概念，資料串流分為以下 3 種類型：**網站、iOS 應用程式和 Android 應用程式**。

此外，除了傳統的「行動裝置 ID」和「User-ID」之外，GA4 還允許使用 Google 推出的「Google 信號」來判定使用者身分。因此，即使是使用不同行動裝置或平台的使用者，只要 ID 能夠相符，也能**作為同一使用者的事件來處理**。

例如，在 GA4 的「區隔重疊」報表中，可以確認每個裝置上使用者的重複情況，這樣就能在瞭解實際使用者數量的同時進行分析。

• **區隔重疊報表**

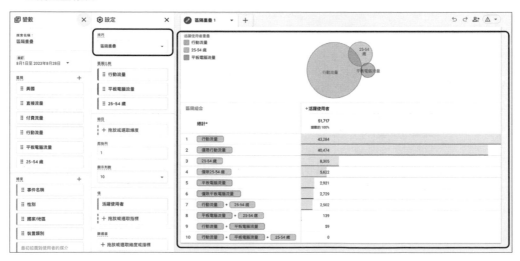

分析功能更新

接下來，我將介紹 GA4 分析功能中的兩個要點：「運用機器學習的分析」和「連結 BigQuery 的分析」。

● 運用機器學習的分析

首先，GA4 引進了「**機械學習**」。透過機器學習模型，累積和分析收集到的資料，進而預測「未來客戶可能會採取的行為」。具體而言，你可以預測「未來 7 天內使用服務的機率」、「未來 7 天內流失的機率」，以及「高消費使用者的趨勢」等等。

另外，如果要使用機械學習的預測指標，需要滿足 3 個條件。

運用機器學習技術的預測指標 [※2]

指標	定義
購買機率	最近 28 天處於活躍狀態的使用者在未來 7 天內會完成特定轉換事件的機率。目前僅支援 purchase/ecommerce_purchase 和 in_app_purchase 事件。
流失機率	最近 7 天在應用程式／網站上處於活躍狀態的使用者，未來 7 天內將不再是活躍使用者的機率。
預期收益	最近 28 天處於活躍狀態的使用者，在未來 28 天內所有購物轉換的預期收益。

● 需滿足 3 個前提條件

- 購買者和流失使用者的正面和負面實例須達人數下限。在過去 28 天內，觸發及未觸發相關預測條件（購買或流失）的回訪者必須在 7 天內分別達到至少 1,000 人。

- 模型品質必須穩定維持一段時間，才算符合資格。

- 為確保模型符合「購買機率」和「預期收益」指標的資格規定，資源必須傳送 purchase 和／或 in_app_purchase（自動收集）事件。

※2　https://support.google.com/analytics/answer/9846734

另外，在機械學習的功能中，數值的變化趨勢會自動產生為報表。報表中提供了以下內容，在你確認報表的時候 GA4 會顯示摘要和簡單的洞察。

報表種類 ※3

項目	詳細說明
獲客	最初招攬到使用者的來源、媒介、廣告活動
參與	按事件、網頁與畫面劃分的使用者參與度
營利	購買者人數／商品、促銷活動、按訂單優待券劃分的購買收益
回訪率	新使用者和回訪者、依同類群組劃分、生命週期價值
使用者屬性	依「使用者屬性」維度劃分的使用者數量
使用者環境	使用者在瀏覽內容時所使用的應用程式環境

- **自動洞察資料的通知示例**

偵測到資料中的異常變化或發現新的趨勢時，系統會在資訊主頁上自動通知相關洞察。另外，在畫面頂部的搜尋欄「Analytics（分析）情報快訊」輸入問題，就能立即查看所需的數字。例如，輸入「今年的新使用者數」，答案會立即顯示於畫面中。

※3 https://support.google.com/analytics/answer/9212670

• **Analytics（分析）情報快訊的使用範例**

如果想要進一步了解報表內容，則可以利用「探索」選單中的「探索」功能來建立需要的報表，對於習慣使用通用 Analytics（分析）的人來說，這時的資料統計工作可能會讓人感到有些困難。

例如，在 GA4 版本中，沒有通用 Analytics（分析）版本中的「目標」，而是需要以事件和參數來設定「轉換」。另外，GA4 的報表上也沒有像離開率、跳出率、轉換率或目標等指標。你需要在資料探索中將事件（如離開網頁的點擊次數或轉換次數）標示為轉換，並進行計算（探索方法請參考第 5 天的第 1 節內容）。

與通用 Analytics（分析）相比，GA4 運用機器學習來提高統計工作的效率，並根據資料洞察來進行分析，使得資料的統計與分析變得更加明確。

● 可連結 BigQuery

之前僅在付費版的 Google Analytics 360 中提供的「**Google BigQuery**」，現在可以在 GA4 版本中免費連結使用（不過，如果資料的儲存或匯出超過限制，則需支付相關費用。詳情可查閱官方說明）[4]。

※4 https://cloud.google.com/bigquery/pricing

當 GA4 連結 BigQuery 功能，我們可以運用各種商業智慧（BI）工具進行分析和資料視覺化、將資料應用到業務與客服部門，在廣告投放中運用資料，也能夠分享報表頁面上的資料。

- **設定 BigQuery 連結**

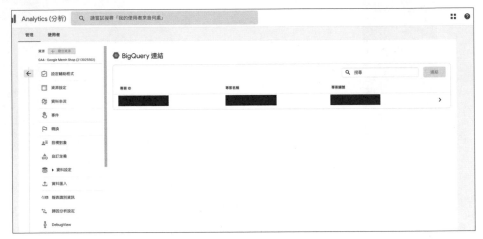

雖然本書不會詳細介紹 Google BigQuery 的操作說明，但會在第 7 天簡單介紹連結方法和實際範例。如果想更進一步加深對網站分析的知識，建議讀者另行學習。

常見誤解與注意事項

POINT!

- 過去的 Google Analytics 版本可以和 GA4 併用
- 預設資料保留期限為 2 個月

GA4 的常見誤解

由於 GA4 版本剛推出不久,除了 Google 官方說明頁面之外,相關資訊還相對較少。因此,為了避免僅憑片面資訊做出判斷或產生誤解,我們將在此說明與 GA4 相關的常見誤解。

● 過去的 Google 分析版本再也無法使用了嗎?

我想有些人可能會擔心,GA4 的出現意味著不能再使用傳統版本。至撰寫本文時(2021 年 6 月為止),還沒有宣布服務終止的計劃,所以預計在短期內仍然可以使用[5]。

然而,過去版本的 Google Analytics 在現今的網站分析領域也出現了一些不適用的情況,儘早熟悉並準備使用 GA4 會是更理想的選擇。

另外,讀者也可以在保留舊版本 Google Analytics 環境的同時,併用 GA4 版本。為了適應新的技術,我們建議讀者現在就開始引進 GA4 並開始蒐集資料。

● 如果沒有採用應用程式,引進 GA4 就沒有意義?

我相信有些人在聽到 GA4 能整合網站和應用程式的資料分析後,可能會想「如果我沒有經營應用程式,那麼使用 GA4 有什麼意義呢?」然而,即便只是經營網站,引進 GA4 仍然是一個值得投資的分析工具。因為在現今這個時

---

[5] 編按:自 2023 年 7 月 1 日起,標準通用 Analytics(分析)資源將停止處理資料,通用 Analytics(分析)報表在 2023 年 7 月 1 日過後一段時期內仍可供查看。不過,新資料只會流向 Google Analytics 4 資源。

代，不僅是在應用程式，就算只是瀏覽網頁內容，也非常需要針對跨裝置追蹤（如手機與電腦），才能更精準捕捉使用者行為。

● 機器學習會搶走人類的工作？

GA4 運用了基於「機械學習」的全新預測指標，這使得我們能夠從造訪應用程式或網站的使用者行為中，預測諸如「購買商品的可能性」或「跳出網頁的可能性」這類指標。

這並不意味著「人們不再需要進行網站分析」。善用機械學習而來的資料，同時找出網站存在的問題點，然後計畫、執行、檢查和採取行動，也就是遵循 PDCA（Plan-Do-Check-Act 的簡稱）循環式品質管理，對公司業務做出貢獻是比什麼都更加重要的目標。

雖然有人可能會聽到近來的熱門話題後，擔心「人類的工作會被 AI 奪走」，但 AI 終究是一個輔助工具。與其過度恐懼新的技術，不如積極學習如何善用它。早日掌握正確的知識，你將能拓寬更廣闊的未來發展空間。

■ 使用 GA4 的注意事項

GA4 仍在不斷更新，是一個持續發展迭代的工具。因此，有幾點事項需要注意。

● 注意資料保留期限

首先，必須注意資料保留期限。在過去的 Google 分析版本中，資料的保留期限最長為 50 個月，但在 GA4 中，**最長保留期限縮短為 14 個月**。這一變更背後的原因包括滿足多樣化使用者需求和遵循 GDPR 等隱私保護規定。

其次，在初始設定中，資料保留期限預設為 **2 個月**。因此，如果需要製作與去年同期相比的報表，建議讀者將資料保留期限手動更改為 **14 個月**。如果忘記更改，將無法回溯以前的資料，導致無法製作和分析與去年相較的自訂報表。請務必留意這一點。

設定步驟很簡單，只需按照「管理 > 資源 > 資料設定 > 資料保留」的順序操作。你將會看到「事件資料保留」的下拉式選單。請在此處將資料保留期限從 2 個月更改為 14 個月。需要注意的是，這些變更不會立即生效，最多需要 24 小時的變更套用時間。此外，為了預防可能的資料蒐集問題，建議讀者儘早告知相關人員「**最好將資料保留期限更改為 14 個月**」。

- **資料保留期限的設定畫面**

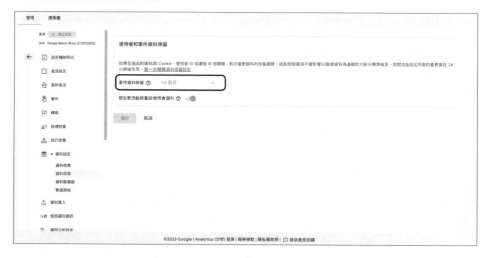

● 其他注意事項

Google 分析的過往版本的部分功能已經不復見於 GA4 中，也有一些功能不再受支援。

舉例來說，至少截至 2021 年 6 月，GA4 還無法連結 Google Search Console，也無法評估 Google 推薦的用以快速顯示內容的 AMP（Accelerated Mobile Pages）頁面。

雖然我們預計這些問題將在未來的更新中得到解決，但在引入和使用 GA4 時仍需要特別注意。

通用 Analytics（分析）和 GA4 版本注意事項之比較

項目	通用 Analytics（分析）	GA4
預設保留期限	14 個月	2 個月
最長保留期限	50 個月	14 個月
套用變更最快所需時間	24 小時	24 小時
自定義報表	○	△ ※
以「瀏覽」為單位	○	×
支援 Google Search Console	○	×
評估 AMP 網頁	○	×

※ 可以透過「探索」功能建立替代報表。

關於資料保留期限

即使將 Google Analytics 的資料保留期限設定為最長的 14 個月，年齡層、性別和興趣資料仍會在 2 個月後自動刪除（參見 Analytics（分析）說明 ※6）。此外，如果開啟位於「使用者和事件資料保留」中的「發生新活動時重設使用者資料」，意味著只要使用者在資料保留期限內持續產生新的工作階段，則該工作階段事件的使用者識別碼保留期限都將重設，並從零重新計算。也就是說，開啟這個選項可以持續保留該使用者的資料，只要他們在資料保留期限內持續產生工作階段事件（另一方面，如果超過資料保留期限後，將無法進行使用者識別分析）。

但在某些情況下，有必要在隱私政策等中明確說明資料並非用於處理和分析，而是用於有助於公共利益的歸檔目的。長時間不必要地保留資料可能違反 GDPR 等個人資料保護相關法律，因此建議讀者確認符合公司內部需求的最短資料保留期限，並刪除不必要的資料。

※6 https://support.google.com/analytics/answer/7667196

2-4 順利導入 GA4 的推薦作法

POINT!

- 針對利益相關者的疑慮提出解決方案
- 使相關人員能夠愉快引進新版本

■ 相關人員是否已完成相應調整

GA4 無疑是一個與時俱進、能為使用者帶來便利的工具。然而，即使同為使用者，例如不是從自身部門而是從其他部門或客戶公司等不同角度來看，也可能存在一些令人擔憂的因素。

因此，我們將介紹 3 種有助引進 GA4 的利益相關者管理（即與各利益相關者協調的過程）的方法。

● 針對資訊系統部的推進方式

> **< 課題 > 設定、教育訓練的成本**
>
> 在引進 GA4 時，將追蹤碼安裝到網站需要花費不少時間，有一定程度的工作量。最新版本也有可能存在故障或問題的風險。如果使用方法不明確，可能會引發各種問題和疑惑，這樣一來，可能還需要花費額外時間心力進行教育訓練。
>
> **< 對策 >**
>
> 安裝追蹤碼是不可或缺的工作，可以從攻守兼備的角度強調引進 GA4 版本的優勢。從「進攻」的角度強調分析的準確度將會提升；從「守備」的角度出發，可以指出這個工具根據最新的個資保護法律進行了改良，說明採用 GA4 是一件值得投資的事。
>
> 另外，由於 GA4 的表現還不能說是完全穩定，應該明確傳達同時使用通用 Analytics（分析）之建議。關於教育訓練所需的時間和工作量，請務必利用本書內容來減輕負擔。

● 針對行銷或公關部的推進方式

< 課題 > 學習成本、競爭風險

想要熟練地使用 GA4，可能需要花費一段時間，這會不會讓我們落後競爭對手一大截呢？在報表方面，雖然分析工具變得更為豐富且具有高度的自訂性，但是否還需要將資料導出到試算表軟體或其他分析工具（例如 Tableau）？或者，我們應該更好地利用 Google 的資料平台呢？這些都是我們並不確定的疑慮。

< 對策 >

在使用通用 Analytics（分析）的同時，充分利用本書來縮短學習時間，盡快掌握 GA4，說明這麼做有助於維持和增強業務上的競爭優勢。至於如何優化報表，請務必參考本書內容。

● 針對法務部的推進方式

< 課題 > 個資管理風險

當分析能力變得更強大，同時也引發了一個問題：我們是否過度蒐集使用者資料。從法律角度來看，這是否會引發任何問題呢？

< 對策 >

詳細說明 GA4 相較於以前版本，擁有更注重隱私保護的設計。另外，如果你的公司網站還未完成 Cookie 的使用說明，比如 Opt-in 和 Opt-out 之設定和顯示，應儘快採取措施。在此過程中，也建議重新檢視貴公司的隱私政策。

具體來說，請了解並說明 GA4「蒐集哪些資訊（資料項目）」以及「出於何種目的而蒐集」，確保各方對這些問題的認識是一致的。請與法律部門和資訊系統部門密切合作，一同更新隱私政策。

● 公司內部通知郵件範例

這裡將上述要點整理成一個電子郵件範例。在向公司內部相關人士或客戶推薦採用 GA4 時，請務必當作參考，多加利用。

各位同仁：

此次，Google 公司推出了網站流量分析工具「Google Analytics 4（以下簡稱 GA4）」，我們正在考慮採用此工具。

採用 GA4 後，我們能夠提升市場行銷和公關部的分析能力，並有望更廣泛、更深入掌握使用者行為。然而，我們意識到各部門可能存在疑慮，因此我們也將解決方案和主要要點一併整理如下：

< 市場營銷和公關的觀點 >

「需要花多少時間來學習，才能使用這個新工具？」

→ GA4 可以與當前正在使用的版本並行使用，因此在等待 GA4 累積資料的同時，整個團隊都能趁這一時期學習，提升對 GA4 的認識。

→有關資料保存期限的注意事項：由於近年來個人資料保護相關法律的規範越來越嚴格，GA4 的標準資料保留期限變為 2 個月，最長也僅為 14 個月。在進行資料設定和操作時，這一點需要特別注意。

< 法務部觀點 >

「能夠更深入地了解客戶固然是好事，但在個資保護方面是否存在風險？」

→ GA4 是在 GDPR 和 CCPA 等個資保護法日益嚴格的環境下改進而來的，因此這樣的擔憂實際上更有可能被消除。無論是否採用這個工具，我們都計畫要檢視目前的資料蒐集狀況（項目、目的、保存期限等）是否完全適用於隱私政策，並在各部門通力協作的基礎上對其進行更新。

如有不明白的地方或更多問題，請不吝隨時告知我們。

為了順利採用 GA4，衷心期待各位的合作與支持，非常感謝。

站在可能直接或間接受到影響的利益相關方的角度，加以考慮採用 GA4 的優勢與疑慮，為順利採用 GA4 創造一個舒適的環境，也是更能高效率使用 GA4 的重要一環。

第 1 天的總整理

 ## 問 題

Q1 請從以下關於 GA4 的敘述，選出正確選項。

1. GA4 無法與現有的通用 Analytics（分析）併用，只能擇一使用。
2. 在 GA4 中，不存在通用 Analytics（分析）中的「目標」，需要使用事件和參數來計算轉換。
3. GA4 的誕生背景與 GDPR（一般資料保護規則）完全無關。
4. ga.js 是 Google Analytics 的起點。

Q2 請從以下關於 GA4 的敘述，選出正確選項。

1. GA4 的預設資料保留期限為 2 個月。
2. GA4 的資料保留期限設定不能更改。
3. 在 GA4 中，資料保留期限的變更會立即生效。
4. 從個資保護的角度來看，GA4 不會保留資料。

Q3

請從以下關於 GA4 的敘述，選出正確選項。

1.　GA4 具有可以分析捲動率的功能。

2.　在 GA4 中，若要統計 PDF 文件的下載次數，必須搭配使用代碼管理工具。

3.　GA4 重視使用者行為中的跳出率。

4.　在 GA4 中，若要測量外部連擊的點擊，需要在 HTML 中嵌入收集資料的事件追蹤碼。

Q4

請從以下關於 GA4 的敘述，選出正確選項。

1.　由於 GA4 採用機器學習，因此人們完全不需要手動進行網站分析。

2.　GA4 重視來自 Cookie 的資料。

3.　GA4 無法同時統計應用程式和網站資料，並在同一份報表中匯總整理。

4.　在 GA4 中，可以將來自 YouTube 影片觀看的轉換與來自 Google 和非 Google 付費渠道、Google 搜尋、社群媒體、電子郵件等的轉換並列檢視。

解 答

A1　2

1. 可以併用。
2. 正解。「目標」這個功能已經消失。
3. 受到 GDPR 等個人資訊保護法律的影響非常大。
4. Urchin 是 Google 分析的前身。

A2　1

1. 預設的資料保留期限是 2 個月，較短，因此需要特別注意。為了減少風險，可以在初始設定中將期限更改成 14 個月。
2. 可以更改。目前的版本有 2 個月和 14 個月的選項。
3. 並不會立即反映。通常變更會在 24 小時內生效。
4. 資料會被保留。

A3　1

1. 支援捲動率。預設設定是「可見的網頁垂直捲動深度達 90%」。
2. 即使不連結代碼管理工具，也可以進行統計。
3. 「跳出率」這個概念已經消失了。取而代之的是，使用「參與度」這個指標來衡量使用者對內容的興趣程度。
4. 這是預設提供的事件，因此不需要進行特別設定。

A4

4

1. 並非如此。根據資料進行網站分析並為業務做出貢獻仍然有其必要。

2. GA4 被稱為「無 Cookie 的未來分析工具」，其設計也考慮到 GDPR 等法規，所以這是不正確的敘述。

3. 在 GA4 中，可以同時測量應用程式和網站，並在一份報表中匯總。

4. 正解。

第2天

遷徙到 GA4 與新帳戶設定

第 2 天的學習內容

從通用 Analytics（分析）遷徙到 GA4、設定 GA4 帳戶的基本知識與設定方法。

終於要採用
Google Analytics
（分析）4 了！

… 嗯

這樣就可以了嗎？
完成初始設定後
還要做些什麼？

總之出現
GA4 報表畫面了…

哎呀！

只是這樣的話
還無法發揮 GA4 的真實價值呢

好！

事件設定

form_cv 1

事件
發生‼

申請完成
頁面

轉換設定

ON

form_cv

將這個事件
視為轉換！

跨網域追蹤

a.com　b.com　c.com

內部 IP 位址排除

× 192.0.2.0

確實
設定好以上
這些項目吧

你是
神谷老師‼

轉換的設定
尤其重要喔

過去版本	GA4

✓ 目標設定
✓ 目標描述
③ 開頭一致：example.com/thanks.html

事件名稱	將事件標示為轉換
form_cv	●
first_visit	○
page_view	○

設定「目標」，
直接設定好轉換

設定「事件」，並且需
「將事件標示為轉換」

像這樣
GA4 和過去版本有著明顯
不同之處，我會在本章
內容中詳細解說。

1 GA4 的初始設定

學習在開始使用 GA4 之前必須設定的項目或步驟,如何匯入既有的
通用 Analytics(分析)資源,以及初始設定。

1-1 設定 GA4 資源

POINT!

- 理解兩種 GA4 資源設定方法的差異
- 認識 GA4 的新功能「資料串流」

本節內容說明 GA4 資源的設定方法。

■ 設定項目

● Google Analytics(分析)帳戶

Google Analytics(分析)帳戶為必要條件,也可以使用既有帳戶。

● GA4 資源

GA4 資源可用於評估網站流量和應用程式使用情況,將資料與報表整合在一
起,是最新推出的資源類型,可以代表應用程式、網站,或者同時含括應用
程式與網站的資源。

1 個帳戶最多可建立 100 項 GA4 資源。在通用 Analytics（分析）中，採用的結構是「帳戶」＞「資源」＞「資料檢視」，而在 GA4 中，則是採用「帳戶」＞「資源」。

● 資料串流

GA4 的新功能「資料串流」是指從網站或應用程式流向 Analytics（分析）的資料流。資料串流分為以下 3 種類型：網站、iOS 和 Android。在同一個 GA4 資源中為網站和應用程式建立多個資料串流，可以**同時評估網站和應用程式**的資料，而這是通用 Analytics（分析）版本無法實現的。

建立資料串流後，會產生用於資料收集的專用分析標籤（評估 ID）。

Google 帳戶

注意　要使用 Google Analytics（分析）服務，必須先擁有 Google 帳戶。還沒有擁有帳戶的人請先申請。

Google 帳戶建立頁面：
https://accounts.google.com/signup

・ **GA4 資源概念圖**

帳戶
資源 A
資料串流 網站 評估ID：G-○○○○○○

資源 B

資料串流 網站
評估ID：G-○○○○○○

資料串流 iOS
評估ID：○○○○○○○○○

資料串流 Android
評估ID：○○○○○○○○○

■ 主要設定方法

想要建立 GA4 資源，主要分成兩種方式。

> 1. 為網站設定 Google Analytics（分析）
>
> 2. 在已有 Analytics（分析）的網站中加入 Google Analytics（分析）4

■ 4 步驟為網站設定 Google Analytics（分析）

初次使用 Google Analytics（分析），可以按照以下 4 個步驟進行設定。

> 第 1 步　建立 Google Analytics（分析）帳戶
>
> 第 2 步　設定 GA4 資源
>
> 第 3 步　設定資料收集方式
>
> 第 4 步　確認你正在收集資料

● 第 1 步　建立 Google Analytics（分析）帳戶

① 造訪官方網站

前往官方網站（https://analytics.google.com/analytics/web/），點擊「開始測量」，便會顯示 Google Analytics（分析）建立帳戶畫面。

- **Google Analytics (分析) 建立帳戶畫面**

② 設定帳戶名稱

於「帳戶名稱」欄位中輸入名稱。請輸入容易理解的名稱，也可以設定中文名稱。接著勾選「帳戶資料共用設定」的全部核取方塊，然後按「繼續」。

- **Google Analytics (分析) 設定帳戶畫面**

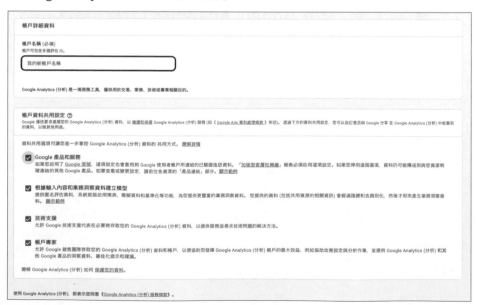

● 第 2 步　設定 GA4 資源

① 設定資源

輸入「資源名稱」，可以使用中文進行設定。然後選取「報表時區」和「貨幣」

② 設定通用 Analytics（分析）資源

點選「顯示進階選項」，啟用「建立通用 Analytics（分析）資源」。在下方輸入網址，選擇「建立 Google Analytics（分析）4 和通用 Analytics（分析）兩種資源」，並勾選「為 Google Analytics（分析）4 資源啟用加強型評估」，然後點選「下一步」。

• ①、② **設定資源與通用 Analytics（分析）資源**

資源詳細資料

屬性名稱 (必項)

必須提供長度必須介於 4 至 100 個半形字元之間的資源名稱。

報表時區 ⑦

台灣 ▾ 　(GMT+08:00) 台灣時間 ▾

貨幣

新台幣 ($) ▾

您之後可以在「管理」中修改這些資源詳情

隱藏進階選項 ◀━━ 點選「顯示進階選項」。

建立通用 Analytics (分析) 資源　　　　　　　　　　　✓

(!)　通用 Analytics (分析) 資源將於 2023 年 7 月 1 日起停止收集資料。建議您改為建立 Google Analytics (分析) 4 資源。

網站網址

https:// ▾ 　www.mywebsite.com

必須提供有效網站網址。

◉ **建立 Google Analytics (分析) 4 和通用 Analytics (分析) 兩種資源**
選擇此選項後，系統會用已連結的網站代碼建立兩項資源，因此您只需要在網站中加進代碼一次。瞭解詳情

　✓ 為 Google Analytics (分析) 4 資源啟用加強型評估
　除了計算標準畫面瀏覽以外，還會自動評估網站上的 互動。
　來自網頁內元素 (例如連結和內嵌影片) 的資料可連同相關事件一併收集。請勿傳送任何個人識別資訊給 Google。瞭解詳情

○ **只建立通用 Analytics (分析) 資源**

上一步　　下一步

③ 設定商家詳細資料

在出現的畫面中選擇「產業類別」與「商家規模」。選取 Google Analytics（分析）使用方式，然後點選「建立」。

- ③ **設定商家詳細資料**

④ 同意服務條款與資料共用等選項

彈出「Google Analytics（分析）服務條款合約」畫面，請選擇自己居住的國家／地區。確認合約內容，勾選「我也接受 GDPR 所要求的《資料處理條款》」及「對於我與 Google 共用的資料，我接受《評估控管者對控管者資料保護條款》」這兩項後，按下「我接受」按鈕。

畫面切換後，GA4 資源設定就完成了。在「建立 Google Analytics（分析）4 和通用 Analytics（分析）兩種資源」的情況下，會自動建立可取得網站資料的資料串流，並產生以「G-」為開頭的「評估 ID」。在使用 Google 代碼管理工具時，會需要輸入這個評估 ID，因此請利用本畫面進行拷貝。

- ④ 同意服務條款

- 評估 ID 的記載位置

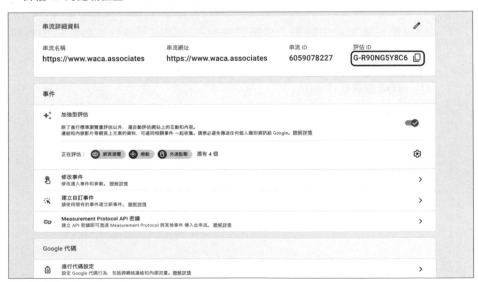

第2天 ■ GA4 的初始設定

⑤ 設定「我的電子郵件通訊」(初次建立帳戶時)

設定是否接收來自 Google 的通知，可自行決定要接收哪些資訊，點選「儲存」。

- ⑤ 我的電子郵件通訊

我的電子郵件通訊

我們會不定期將 Google Analytics (分析) 的最新消息以電子郵件寄給您。不過，我們 總是讓您可以自行決定要接收哪些資訊。請在下方選擇，讓 我們瞭解您的需求。

不論您選擇接收哪些資訊，我們還是需要在您的帳戶受到產品重大更新影響時 通知您，但也就僅只於此。我們尊重您的隱私權，絕不會 將您的個人資訊透露給第三方或合作夥伴。

☑ **成效建議與最新消息**
接收更新通知和提示，協助您充分運用 Google Analytics (分析) 帳戶。 系統一開始會根據您擁有存取權的 5 項資源，將相關建議和更新通知寄送給您。這些資源是由 Google Analytics (分析) 所選取。 您可以前往 [管理] > [使用者設定] 修改這些更新通知。

☑ **功能系統公告**
瞭解 Google Analytics (分析) 各項最新異動、改善之處及新功能。

☑ **意見及測試**
參加 Google 問卷調查和先期測試，協助改善 Google Analytics (分析)。

☑ **Google 提供的產品、服務及更多內容**
瞭解相關的 Google 產品、服務、活動及特惠。

全部取消勾選並儲存　　[儲存]

● 第 2 步（參考）　手動設定資料串流（網站）

如果網站網址發生變更，或是想評估不同網域，整合多個網站的資料，則必須手動新增資料串流。（詳細教學請參考第 2 天第 6 節「跨網域追蹤」）

① 選擇要評估的網站

點選畫面左下方的「設定」圖示，在「資源」欄中，依序點按「資料串流」>「新增串流」，然後點選「網站」。

• 資料串流的設定畫面

② 輸入網站名稱（如 example.com）與串流名稱（網站名稱或網址）。

• 設定網頁串流

③ 「加強型評估」除了進行標準瀏覽量評估以外，還可自動評估網站上的互動和內容。

在預設情況下會啟用加強型評估，可點選齒輪圖示，視需求自行設定選項。如果沒有特殊需求，建議啟用加強型評估功能。

- 逐一設定「加強型評估」選項

※ 「加強型評估」功能僅適用於網頁串流資料。（關於更多「加強型評估」功能的介紹，請參考第 4 天第 3 節的「自動收集的事件」。）

④ 點選「建立串流」，完成網站串流設定，畫面會顯示網頁串流的詳細資料。

- 網頁串流的詳細資料

網站用的資料串流會以「G-」為開頭的「評估 ID」顯示。可以在「資源＞資料串流」中查看串流的詳細資料，確認評估 ID，或是對加強型評估功能進行變更。

● 第 2 步（參考） 手動設定資料串流（應用程式）

接著說明新增應用程式資料串流的方法。在「資料串流＞新增串流」頁面選擇「iOS 應用程式」或「Android 應用程式」。

應用程式串流會根據應用程式的套件名稱與平台，個別建立對應「串流 ID」。

新增應用程式資料串流時，Analytics（分析）會建立對應的 Firebase 專案和應用程式資料串流；如果 Firebase 專案尚未連結資源，系統也會自動完成連結。

你可以連結至現有的 Firebase 專案，但必須從 Firebase 介面中進行（而且只適用於尚未與 Firebase 連結的 GA4 資源）。

• **應用程式資料串流的設定畫面**

範例：建立 iOS 應用程式的資料串流

① 註冊應用程式

輸入 iOS 組合 ID、應用程式名稱及 App Store ID。如為 Android 應用程式，則輸入 Android 套件名稱，以及應用程式名稱。完成後，請按一下「註冊應用程式」。

② 佈建及設定 Google Cloud 專案

點選「下一步」，然後按照操作說明下載應用程式的設定檔。

③ 新增 Firebase SDK

點選「下一步」，然後按照操作說明將 Firebase SDK 新增到您的應用程式。

④ 新增初始化程式碼（僅限 iOS）

⑤ 通訊驗證

執行應用程式，藉此驗證 SDK 是否順利安裝，以及應用程式是否能與 Google 伺服器通訊。

⑥ 設定完成

按一下「完成」（若想稍後再完成應用程式設定，請按一下「略過這個步驟」）。

 每個 Google Analytics（分析）4 資源最多可包含 50 個資料串流（應用程式和網站資料串流的任意組合，包括最多 30 個應用程式資料串流）。

 資料串流建立後不可進行編輯。如果刪除資料串流，將會同時刪除仰賴該資料串流的資源。

● 第 3 步　設定資料收集方式

你必須完成以下設定，才能開始收集資料。

首先確認你使用正確的帳戶和資源，在「資源」欄中，依序按一下「資料串流」>「網站」，按一下網站的資料串流。

在「Google 代碼」下方，按一下「查看代碼操作說明」。

在「安裝操作說明」頁面中，選取「手動安裝」的「gtag.js」程式碼。

- **安裝操作說明畫面**

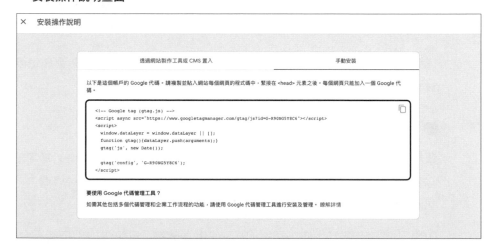

畫面上會顯示你帳戶專用 Google Analytics（分析）代碼的 JavaScript 程式碼片段。Google 代碼是指系統顯示的一整段程式碼，開頭為 <!-- Google 代碼（gtag.js）--> 且結尾為 </script>。

```
<!-- Global site tag (gtag.js) - Google Analytics -->
⋮
</script>
```

將這則代碼貼到目標網頁，系統將會開始收集資料（應用程式則是在建立資料串流時已完成設定）。不過，根據網頁會有不同的設定方法。

在網站製作工具或 CMS 代管網站中加入代碼

Wordpress、Wix 或 Shopify 等 CMS 代管網站中，可透過自訂 HTML 功能，將 Google 代碼貼進網站。具體詳情請參考各 CMS 代管網站的操作說明。

重要

在設定 Google Analytics（分析）時，如果所使用的網站平台只能使用「UA-」開頭的代碼，則可能無法使用 GA4 服務。

在網頁中直接貼上代碼

完整複製 Google 代碼，並貼入網站每個網頁的程式碼中，緊接在 <head> 元素之後。

或者，也可以使用 Google 代碼管理工具（請參考下一節「使用 Google 代碼管理工具的初始設定」）。

● 第 4 步　確認你正在收集資料

在網頁中貼上 Google 代碼，以及在應用程式中新增 SDK 後，通常在 10～15 分鐘內，最多經過 30 分鐘即可開始收集資料。屆時，可以透過「即時」報表來確認資料是否已開始傳入。

如果已適當安裝好代碼，那麼「現在使用者數量」資訊卡的使用者人數大約每15 秒會進行更新。其他報表的資料處理時間大約需要 24～48 小時。

• **即時報表**

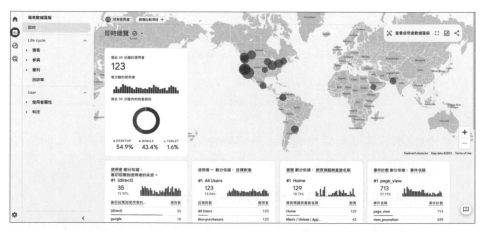

代碼安裝時容易發生的錯誤情形

注意

安裝代碼後經過 24 小時，如果系統仍未顯示任何資料或報表，則可能是因為發生了以下任一情況：

- 評估 ID 設定錯誤

  請確認是否使用「G-」開頭的 ID。

- 代碼安裝錯誤

  請將代碼直接貼在 <head> 元素之後。

- 使用了錯誤的代碼或帳戶、資源或資料串流

  請確認內容正確無誤。

- 代碼多了空白格或文字

  請複製整段代碼，直接貼到網頁中。

■ 在已有 Analytics（分析）的網站中加入 Google Analytics（分析）4

如果是網站已經使用通用 Analytics（分析）的情況下，則可採取以下兩個步驟。

第 1 步 使用 GA4 資源設定輔助程式

第 2 步 確認你正在收集資料

● 第 1 步 使用 GA4 資源設定輔助程式

「GA4 資源設定輔助程式」是通用 Analytics（分析）資源中的設定輔助程式精靈，可協助從通用 Analytics（分析）資源遷移至 GA4 資源。

注意

與「GA4 資源設定輔助程式」名稱非常相似，Google Analytics（分析）4 資源中的「設定輔助程式工具」，其功能是協助完成 GA4 資源的設定程序。

① 管理畫面

從「資源」欄選取目前用來收集網站資料的通用 Analytics（分析）資源。

· 管理畫面

② GA4 資源設定輔助程式

點選「資源」欄的「GA4 設定輔助程式」，畫面會出現「Google Analytics（分析）4 資源設定輔助程式」的選項，點選「開始使用」。

· GA4 設定輔助程式畫面

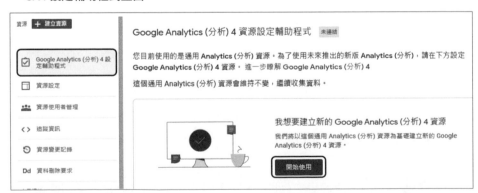

③ 建立新的 GA4 資源

系統將遷徙通用 Analytics（分析）資源的基本設定，並建立 GA4 資源。此時的 GA4 資源中並不包含歷來資料，也不會影響原來的通用 Analytics（分析）資源。

勾選「允許使用現有代碼來收集資料」選項。然後按一下「建立資源」。此時也將一併設定資料串流。

- **GA4 設定輔助程式的建立資源畫面**

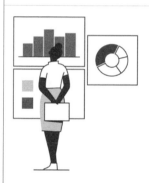

建立新的 Google Analytics (分析) 4 資源

這個精靈會：

- 建立 **Google Analytics (分析) 4 資源**。這是一個不含歷來資料的 新資源。請放心，原始資源不會受到 任何影響。
- **複製通用 Analytics (分析) 資源的基本設定**。您可以開始手動進行其他設定，例如轉換、目標對象、 事件和產品連結。我們將陸續推出更多升級工具，協助您遷移 這些設定。
- **啟用加強型評估**。系統已啟用 加強型評估，讓您可以比網頁瀏覽更深入地評估使用者行為和 內容成效。請務必避免傳送任何個人識別資訊 (PII) 給 Google。

這個精靈也可以：

☐ **允許使用現有代碼來收集資料**。 不過，我們無法遷移您的代碼自訂內容，因此請 想想這對資料收集會有什麼影響。

⚠ 根據目前的代碼設定，您必須在網站上加入新代碼才能使用 Google Analytics (分析) 4。 瞭解原因

不用了，謝謝　　　**建立資源**

● 第 2 步　確認你正在收集資料

完成設定後，可以到「即時報表」確認系統是否可正常接收資料。

重要

如果無法勾選上述的核取方塊，則無法再度使用歷來的 Google Analytics（分析）代碼，因此請手動安插新的代碼，具體設定方法請參考前面的「設定資料收集方式」。

舉例來說，以下可能是需要手動安插代碼的情形：

- 使用網頁製作工具或 CMS 代管網站（Wix、WordPress、Shopify 等）
- 使用 Google 代碼管理工具
- 網頁安裝的是「analytics.js」代碼

注意

從已有的通用 Analytics（分析）遷徙資料，並建立為 GA4 資源後，這時如果失去了對通用 Analytics（分析）資源的管理者權限，或是原始資源遭到刪除，則需要將 GA4 資源的代碼重新安插到網頁中。

2 使用 Google 代碼管理工具的初始設定

爲了最大程度運用 GA4 的功能，推薦搭配使用 Google 代碼管理工具（Google Tag Manager）。本節將學習在 GA4 中連結 Google 代碼管理工具的設定方法。

2-1 Google 代碼管理工具是什麼？

POINT!

- Google 代碼管理工具是一套統一管理「代碼」的系統。
- 如果使用 Google 代碼管理工具，要注意網站環境設定以及避免重複測量。

- Google 代碼管理工具登入畫面

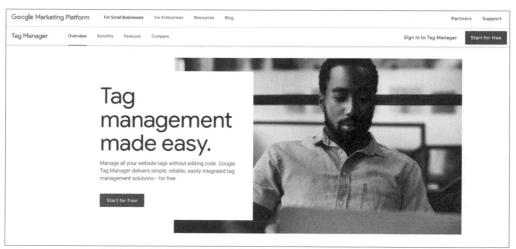

Google 代碼管理工具總覽

使用 Google Analytics（分析）進行基本評估和事件測量，或利用 Google、Yahoo! JAPAN、Facebook 等平台的廣告投放功能時，需要將各自管理介面上提供的程式碼片段直接新增到網站原始碼中。這些程式碼片段通常被稱為「代碼（Tag）」。

在運用這些代碼時，有許多地方需要特別注意。例如，在 GA4 版本出現之前，如果想要測量點擊次數，則需要將特定格式的代碼直接寫入到按鈕或連結的原始碼中。如果只有少數的測量點，這不構成太大問題。然而，如果一個網站需要在多個位置測量個別的點擊次數，或者因為部門調度等原因導致網站管理人員出現頻繁異動，這樣將使得代碼管理變得複雜，也容易產生不必要的麻煩。此外，對原始碼直接編輯時，萬一發生操作失誤，也可能不小心刪除了必要的原始碼，造成更大的問題。

Google 代碼管理工具正是能夠解決這些問題的有效工具，它擁有以下幾個優點：

- 不再需要將各工具發行的代碼逐一新增到網頁原始碼。
- 將各種代碼集中到 Google 代碼管理工具，實現統一管理。
- 具備版本控制功能，可以確認「誰在何時進行了什麼設定」，並且在設定出錯的情況下輕鬆地恢復到前一個版本。
- 具備「預覽」驗證模式，因此在正式發布新增的代碼之前，可以檢查是否能夠按照預期進行操作和測量。

Google 代碼管理工具的注意事項

● 部分環境無法實作

在部分網站環境中，可能會出現無法在所有或部分網頁上實作 Google 代碼管理工具的情況，常見例子包括電子商務網站的（租用）購物車系統，或是能夠簡單建立網站的服務。

另外，即便在 Google 代碼管理工具中進行設定，代碼也有可能無法正常運作。造成這種情況的原因有很多種，其中一個可能是與網站上已經實作的系統或程式發生衝突。

● 避免重複測量

如果你的網站已經實作了各種代碼（例如廣告代碼），並預計要採用 Google 代碼管理工具，那麼需要特別注意這一點。在 Google 代碼管理工具的設定畫面中設定好必要的代碼，並且仔細檢查無誤後，**在正式發布前，不要忘記從原始碼中刪除不必要的代碼。**

如果原始碼中已經寫入的代碼和在 Google 代碼管理工具中設定的代碼發生重複，則會發生「重複測量」的情況。**一旦用錯誤的方式收集了資料，之後將無法刪除或更正**，因此在正式發布代碼之前，請務必謹慎操作。

2-2 採用 Google 代碼管理工具

POINT!

- 以 Google 代碼管理工具的「預覽」功能，確認代碼設定正確
- 在 Google 代碼管理工具上設定 GA4 時，需要使用評估 ID

■ 初次採用 Google 代碼管理工具

本節介紹初次採用 Google 代碼管理工具的設定方法（已經設定完成的人可以跳過這部分）。

首先，如果想要使用 Google 代碼管理工具，請在 Google Chrome 中操作。若使用其他瀏覽器，可能無法正常運作，此外，Google Chrome 也具備豐富的擴充功能。同樣推薦在 Google Chrome 中使用 Google Analytics（分析）服務。

① 造訪「Google 代碼管理工具」網站（https://tagmanager.google.com/?hl=zh-Hant），登入 Google 帳戶後，點選「建立帳戶」。

- **「Google 代碼管理工具」帳戶建立頁面**

② 輸入以下資訊，然後點選「建立」。

- 帳戶名稱：任意名稱（公司或組織名稱）
- 國家：主要使用場所

- 容器名稱：任意名稱（網站名稱）
- 目標廣告平台：網路

※ 如果勾選「與 Google 或其他方匿名共用資料」，則可以使用基準化服務。[1]

- 建立新帳戶

③ 在跳出的 Google 代碼管理工具服務合約條款[2] 中，勾選「我也接受 GDPR 所要求的《資料處理條款》」項目，然後按「是」。

※1 https://support.google.com/analytics/answer/1011397
※2 https://marketingplatform.google.com/about/analytics/tag-manager/use-policy/

- **服務合約條款畫面**

④ 接下來會跳出兩段代碼，請貼到網站的所有頁面中。

- **Google 代碼管理工具的程式碼**

⑤ 點選「預覽」，確認代碼是否被正確設定。

• 「預覽」按鈕

⑥ 此時會開啟一個「Google Tag Assistant」新分頁，請輸入網站網址，然後點選「Connect」。

• 啟用 Tag Assistant

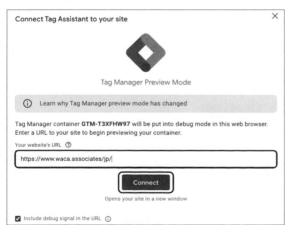

⑦ 此時會開啟一個顯示網站內容的新視窗。確認畫面右下角出現「Tag Assistant connected」，且原先的 Tag Assistant 視窗也跳出「Conneted!」訊息後，表示 Goolge 代碼工具已完成設定。

- 在網頁上確認已連結 Tag Assistant

- **Tag Assistant 視窗確認**

設定 GA4 的方法

在 Google 代碼管理工具中加入 GA4 評估代碼之前，需要先設定好 GA4 資源。（詳細設定步驟請參考上一節的初始設定步驟）。

① 在 Google Analytics（分析）中的「管理」頁「資源」欄，點選「資料串流」，然後點選目標網站。

• **GA4 資料串流畫面**

② 在「網頁串流詳情」頁複製評估 ID。

• **複製評估 ID**

③ 到 Google 代碼管理工具，選擇左側「代碼」，然後點選「新增」。

• 新增代碼

④ 在「未命名代碼」處輸入任意名稱，點選「代碼設定」白色區塊。

• 變更代碼名稱及代碼設定

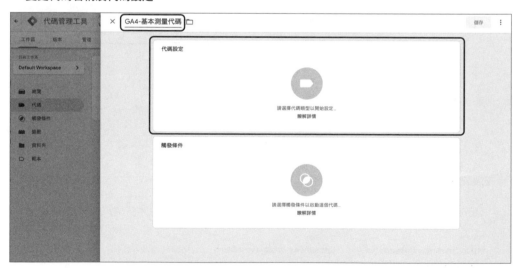

⑤ 在跳出的右側清單中點選「Google Analytics (分析)：GA4 設定」。

- **選擇代碼類型**

⑥ 輸入評估 ID。

- **代碼設定**

⑦ 點選「觸發條件」白色區塊，點選「All Pages」。

- 選擇觸發條件

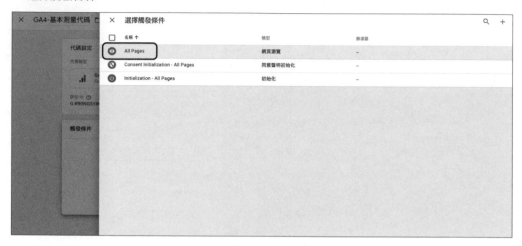

⑧ 確認內容無誤，點選「儲存」。

- 完成 GA4 測量代碼的設定

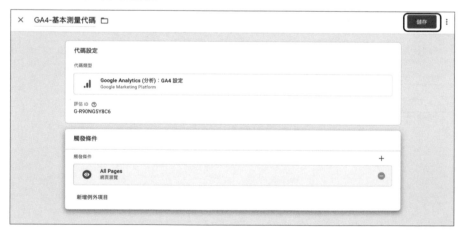

⑨ 執行預覽模式並確認網站與 Google 代碼管理工具已正常連接，然後返回 Tag Assistant 的畫面，在「Summary」(摘要) 部分查看「Tags Fired」(已觸發的代碼)。如果你建立的代碼顯示在這裡，表示設定成功 (※ 預覽模式的操作方式，請參考上一節)。

- 在 Tag Assistant 中確認 GA4 測量代碼

⑩ 回到 Google 代碼管理工具，點選畫面右上方的「發布」按鈕。版本名稱和版本說明非必填項目，但建議輸入容易理解的變更內容，完成後點擊「發布」按鈕。這樣一來，在 Google 代碼管理工具加入 GA4 代碼的設定就完成了。

- 發布 GA4 測量代碼

3 使用與設定 GA4 事件

隨著從通用 Analytics（分析）遷徙到 GA4，「事件」的概念也出現了極大變化。本節認識通用 Analytics（分析）與 GA4 的事件相關知識與在兩個版本中的差異。

3-1 「事件」的概念

POINT!

- GA4 以「事件」為資料收集單位
- GA4 的事件採用「事件名稱」與「參數」的組合

■ 通用 Analytics（分析）的事件

在上一版本的通用 Analytics（分析）中，資料收集的基本單位稱為「命中」[3]。代表性的命中類型如下：

- 網頁追蹤命中
- 事件追蹤命中
- 電子商務追蹤命中
- 社群互動命中

在通用 Analytics（分析）的事件，指的是命中類型內的「事件追蹤命中」，也就是使用者與網站或應用程式的互動[4]。比如某使用者「閱覽了 A 網頁（網頁瀏覽）」，此時

---

[3] https://support.google.com/analytics/answer/6086082
[4] https://support.google.com/analytics/answer/1033068

網頁追蹤命中就會將使用者的行為傳送到 Google Analytics（分析）。常見的事件包括以下動作：

- PDF 的點擊次數
- 電話號碼的點擊次數
- 網頁的捲動率
- 外部連結的點擊數

在實際評估事件時，需要將通用 Analytics（分析）指定的網頁追蹤碼埋進網站原始碼中，或是透過 Google 代碼管理工具進行事件設定，不管使用何種方式，都至少需要填寫幾個項目（事件類型），包含**「類別」（必填）、「動作」（必填）、「標籤」（選填）和「值」（選填）**這 4 個要素。我們來看看實際例子：

> 【實例：PDF 點擊】
> - 類別：PDF 點擊（事件的類型名稱）
> - 動作：sample.pdf（被點擊的 PDF 檔案名）
> - 標籤：/product（點擊 PDF 後的網頁位址）
> - 值：1（事件發生 1 次時的計數值）

如上所示，通用 Analytics（分析）中可以對事件進行計算評估。不過，GA4 對於「事件」的概念則出現了很大的變化。

■ GA4 的事件

在 GA4 版本中，事件被視為資料的基本計算單位 [5]；這一點與通用 Analytics（分析）報表不同。具體差異以下面的例子表示：

通用 Analytics（分析）	GA4
網頁追蹤命中	事件
事件追蹤命中	事件
電子商務追蹤命中	事件
社群互動命中	事件

[5] https://support.google.com/analytics/answer/9964640

在通用 Analytics（分析）中根據命中類型區別的動作，到了 GA4 中，都被視為獨立的事件以進行評估。

此外，在通用 Analytics（分析）中存在的事件要素「類別／動作／標籤／值」也不復存在，在 GA4 中沒有「類別」、「動作」和「標籤」的概念，並且採用不同的事件要素，兩者之間的差異如下：

通用 Analytics（分析）	GA4
類別 動作 標籤 值	事件名稱 參數

GA4 採用**「事件名稱」**與**「參數」**的簡易組合。此外，根據事件內容，可以包含多個參數，實際例子如下所示：

- 事件名稱：page_view
- 參數：page_location（網頁位址）
- 參數：page_referrer（前一個網頁位址）

在通用 Analytics（分析）中，是以網頁瀏覽作為一種「命中」單位來進行資料收集，而在 GA4 中則是透過「page_view」這個「事件」對該使用者行為進行評估。此外，「page_view」的事件包含「page_location」和「page_referrer」這兩個參數資料。

GA4 中也存在不同類型的事件，這是根據設定而不同的事件類型，這一點不同於通用 Analytics（分析）中可以輸入任意資料（如類別名稱）的類別，請注意這項差異。GA4 的事件類型如下所示：

- **自動收集的事件**
  在網站中設定 GA4 代碼後，系統預設會收集的事件。

- **加強型評估事件**
  在 GA4 的管理介面啟用加強型評估功能後，系統會收集的事件。

- **建議事件**

  根據目的（如零售或徵才）而自行導入的事件，當中包含預先定義的名稱和參數。

- **自訂事件**

  在沒有任何其他事件符合用途時，自行定義的事件。

前述提及的「page_view」事件屬於「自動收集的事件」，因此不需要自行設定自訂事件。GA4 的資料收集模型中已經涵蓋大多數事件與參數，可以參考下方連結「[GA4] 事件簡介」，了解更多事件介紹。

■ Analytics（分析）說明（[GA4] 事件簡介）

https://support.google.com/analytics/answer/9322688

4 設定轉換

為了最大程度運用在 GA4 中收集的資料，其中最不可或缺的一環就是設定網站目標，即「轉換」。許多當使用者提交資料後顯示的致謝或確認頁，往往都是評估轉換的理想選擇。首先，讓我們學習將確認頁設定成轉換。

4-1 轉換與事件

POINT!

- 將事件指定爲「轉換」
- 爲了確保自訂事件不會重複計算多個事件，需要在設定上進行一些巧妙調整

▪ GA4 的轉換設定

與通用 Analytics（分析）中直接使用「目標」來設定轉換不同，在 GA4 中，必須將事件指定為轉換。

事件的計測方法有兩種不同的方式。

- 預設評估的事件
- 透過「自訂事件」設定任意事件

通用 Analytics（分析）中常見的「到達頁面」，可在「參數」項目中以「page_location」來表示。對於那些習慣事先準備好的介面選項的人來說，這可能會令人困惑。本節將介紹常見的頁面指定方法作為例子來解釋設定方式。

■ 將事件設定為「轉換」

如前一節所述,系統會預設評估某些事件。從左側選單中選擇「事件」,如果是可以測量的資料,則會顯示像「click、first_visit、page_view、scroll、session_start、view_search_results」等事件。另外,你可以透過將「標記為轉換」列下的切換按鈕設為開啟狀態,即可將事件標示為轉換。

到這裡為止是簡單的轉換設定流程。但實際上,你可能會發現,你真正想要作為轉換來測量的事件,並沒有出現在預設的事件列表中。因此,你需要透過「建立事件」,設定自訂事件並將其標示為轉換。

• **事件與轉換設定**

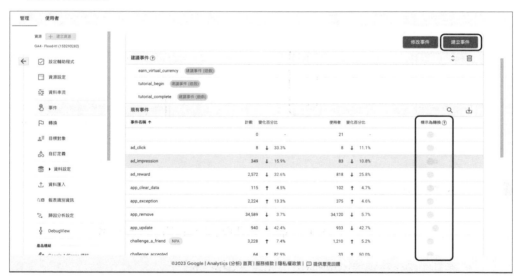

■ 自訂事件的設定方法

自訂事件包含**「參數」**、**「運算子」**、**「值」**等 3 個要素。

● 「參數」

可以獲得事件發生的位置或方式等資訊。比如可以獲得「page_location」(網頁 URL)和「page_referrer」(上一個網頁的 URL)等資訊。

● 「運算子」

用來設定參數內容的條件。可以從「以上、以下、包含、以此開始、以此結束、大於、等於、不等於、小於」中選擇。

● 「值」

參數的值。

- 自訂事件的例子

■ 避免重複事件

在自行設定自訂事件之前,請先確認系統中是否已存在相同定義的事件。

- 該事件是否已經是 GA4 系統中預設收集的事件?
- 在 Google 的建議事件(零售[6]、徵才[7]、旅行[8]、遊戲[9])中,是否已存在相同的事件?

為什麼需要避免重複事件呢?因為如果多個事件所評估收集的資料是同樣的內容,在資料彙整時需要額外進行統一,甚至會造成第三方觀察者的混淆。

※6 https://support.google.com/analytics/answer/9268036
※7 https://support.google.com/analytics/answer/9268037
※8 https://support.google.com/analytics/answer/9267738
※9 https://support.google.com/analytics/answer/9267565

以實際例子來看，我們將展示網路分析師協會在 GA4 中設定的自訂事件頁面。下圖是測量到達 WAC（網站分析師）測驗申請頁面的內容。在 page_location（網頁 URL）中，我們指定了出現在確認頁 URL 中的「www.waca.associates/jp/study/courses/course/finish/?type=1&sub=3&smcd=」字串。

利用 page_location 指定特定網頁，系統會收集該頁面上所發生的預設事件，除了 page_view 之外，還會測量 click、scroll 等其他事件。這樣一來，就會比這個例子中只想測量「確認頁面到達次數」的目標多出更多計數。因此，可以在「event_name」這個參數中，將想要評估的事件指定為「page_view」，藉此只計算到達確認頁的次數。

除此之外，在建立自訂事件時還需要注意「命名規則」，以下是一些例子：

- 在事件名中必須區分大小寫（例如，「my_event」和「My_Event」會被計算為兩個不同的事件）。
- 只能使用英文數字和底線，不能使用空格。

更多詳細資訊，請參考 Google Analytics（分析）的說明：https://support.google.com/analytics/answer/13316687

- **設定自訂事件**

設定

自訂事件名稱

CV_WAC_EXAM

相符條件

當另一個事件符合下列「所有」條件時建立自訂事件

參數	運算子	值
event_name	等於	page_view

參數	運算子	值
page_location	包含	www.waca.associates/jp/study/courses

參數設定

☑ 從來源事件複製參數

修改參數 ⑦

將自訂事件設定爲「轉換」

在預設情況下，自訂事件不會表示在「轉換」報表中。請按照以下步驟進行設定：

- 在「資源」欄中，按一下「事件」。在「現有事件」表格中，選取「標示爲轉換」下方的切換按鈕。
- 如果事件被觸發後仍未顯示在系統中，請到「轉換＞新增轉換事件」的「新轉換事件名稱」中輸入新事件的名稱，然後按「儲存」。

5 IP 位址排除設定

在 GA4 中進行分析時，需要排除會成為雜訊的網站瀏覽資料。我們將學習如何進行 IP 排除設定，以便正確評估資料。

5-1 IP 位址排除的設定方法

POINT!
- 這是導入 Google Analytics（分析）服務的必要設定
- 認識 IP 位址知識與相關設定

■ IP 位址排除

所謂的 IP 位址，就像是網際網路上的地址，而裝置在造訪網站時，其存取資訊也會附上 IP 位址。接下來說明如何排除不需要的特定 IP 資訊。

● 需要 IP 位址排除的情況

舉例來說，你發現網頁瀏覽數突然大幅增加並為此感到高興，但很快就發現其實這因為網站的負責人在公司內部經常查看確認，才造成網站瀏覽量上升的情況。

與評估使用者行為不同，來自公司員工或外部供應商等的存取資料會成為分析雜訊。為了防止這種雜訊，需要事先辨識特定的 IP 資訊並進行排除設定。

■ IP 位址排除的設定方法

① 點選畫面左下角的「管理」，然後點選資源列的「資料串流」。

- GA4「管理」頁

② 在「全部」分頁中點選「網站」，然後點選「進行代碼設定」。

- 「資料串流」頁

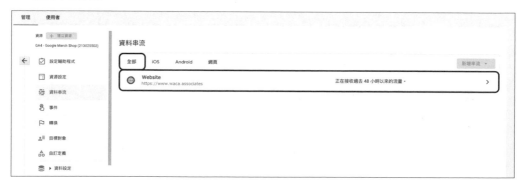

• 「資料串流」的詳細設定

③ 在「設定」下方，選擇「定義內部流量」，然後按下「建立」。

• 「進行代碼設定」頁

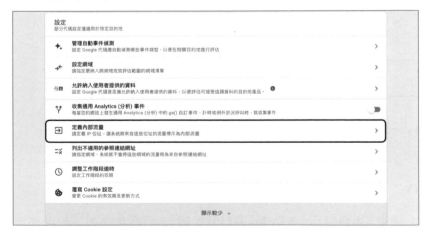

• **「定義內部流量」頁**

④ 在「建立內部流量規則」頁，輸入規則名稱。將 IP 位址的比對類型指定為「IP 位址等於」，在「值」欄位中輸入想要排除的 IP 位址，然後按下「儲存」。

在比對類型的選項中，如果想要排除的 IP 位址只有一個，可以選擇「IP 位址等於」；如果不只一個，那麼請選擇「IP 位址是一段範圍（CIDR 標記法）」，比如輸入「192.168.1.0/24」，即可指定排除這段範圍。

• **「內部流量規則」編輯頁**

透過以上步驟完成內部流量規則的設定，接著還需要啟用篩選器。

⑤ 返回資源列，開啟「資料設定」並選擇「資料篩選器」，選取剛剛設定的內部流量類型（本例為 Internal Traffic）。

• 「資料篩選器」頁

⑥ 資料篩選器的狀態預設為「測試」，請選擇「有效」並按下儲存。

• 「資料篩選器」編輯頁

× 編輯資料篩選器

資料篩選器名稱

Internal Traffic

篩選器作業 ⑦

排除

具有下列參數值的篩選器事件
如何將這個參數附加至事件？

參數名稱　　參數值

traffic_type　internal

摘要
排除參數 *traffic_type* 值與 *internal* 完全相符的事件。

篩選器狀態

　◉　測試中
　　　這個篩選器會經過評估，且相符資料會以維度「測試資料篩選器名稱」來識別，該維度可在報表中找到。

　○　有效
　　　這個篩選器會經過評估，然後套用至傳入資料。相符資料會排除在處理範圍之外。

　○　已停用
　　　這個篩選器不會經過評估。

■ 資料篩選

在 GA4 中，已經廢除通用 Analytics（分析）版本中的**資料檢視設定**。

過去透過「資料檢視」層級對資料進行篩選，到了 GA4 版本時，你可以在資源層級建立資料篩選器，來移除開發人員和內部流量。

以下是 GA4 和通用 Analytics（分析）功能的比較：

	GA4	通用 Analytics（分析）
排除內部流量	1. 定義內部流量規則 2. 建立內部和開發人員流量的排除篩選器	根據 IP 位址套用資料檢視篩選器。
漫遊器篩選	自動排除自動尋檢程式（spider）與漫遊器（bot）的流量。	根據設定，對自動尋檢程式與漫遊器的流量進行排除。
跨網域追蹤	在管理頁面設定跨網域追蹤。	透過 Google 代碼管理工具對變數進行變更、變更追蹤碼、建立資料檢視篩選器、參照連結網址排除設定等動作來設定跨網域追蹤。
資料轉換	透過使用者界面（UI）來改變現有事件的內容（例如：事件名稱、參數的值），對資料進行轉換。	根據篩選器對資料進行轉換。 • 搜尋與替換篩選器 • 自訂篩選器

用語

「漫遊器」（bot）和「自動尋檢程式」（spider）是什麼？

bot（機器人）是在網際網路上執行特定任務的程序。在這些 bot 中，用於遍歷網站以收集文字和圖像資訊的程序被稱為「爬蟲」（crawler），而像 Google 這類搜尋引擎所執行的爬蟲又被稱為「蜘蛛」（自動尋檢程式）。搜尋引擎會使用蜘蛛來收集關於搜尋結果排名的資訊。bot 和蜘蛛都是非人類的存取方式，因此在分析中會成為雜訊，原則上應該排除。

篩選器類型

篩選器類型分為「內部流量」和「開發人員流量」兩類,透過對事件添加參數進行設定。**每個資源最多可建立 10 個資料篩選器。**

• 「建立資料篩選器」頁

```
×   建立資料篩選器

        資料篩選器名稱
        過濾內部IP

        篩選器作業 ⑦
        排除                                    ▼

        具有下列參數值的篩選器事件
        參數名稱        參數值
        traffic_type    internal

        摘要
        排除參數 traffic_type 值與 internal 完全相符的事件。

        篩選器狀態

        ○   測試中
            這個篩選器會經過評估,而相符資料則會以 維度「測試資料篩選器名稱」(可在報表中找到) 來識別。

        ●   有效
            這個篩選器會經過評估,然後套用到收到的資料。 相符資料會排除在處理範圍之外。

        ○   無效
            這個篩選器不會經過評估。
```

● 內部流量

內部流量指由管理員指定的 IP 位址或位址範圍的流量。在完成規則設定後,系統將根據自訂的參數值對造訪網站的 IP 位址進行比對。

此外,如果更改 gtag.js 追蹤代碼,則可以手動在事件代碼中添加「traffic_type」參數以進行自定義。

● 開發人員流量

開發人員流量指來自開發用裝置的應用程式流量,可透過事件參數「debug_mode=1」或「debug_event=1」進行識別。

這是應用程式開發活動的偵錯模式。

■ 篩選器作業

在篩選器作業中,有兩種作業類型可以選擇。「只包含」是只將與篩選器事件完全相符的資料作為評估對象。「排除」則是將與該篩選器事件完全相符的資料從分析計策作業中排除。

所有「只包含」資料篩選器會聯結在一起,並在「排除」篩選器之前套用。

● 資源建立時的預設篩選器

在資源建立時,系統會自動建立排除內部流量的篩選器。

> 名稱:內部流量
> 篩選器種類:內部流量
> 篩選器作業:排除
> 事件參數名稱:traffic_type
> 事件參數值:internal
> 篩選器狀態:測試中

根據如上所示,完成初期設定,將內部流量定義為含有事件參數 traffic_type(值為 internal)的所有流量。只要將這些事件參數名和值傳送到開發環境中,系統就會進行篩選。如此一來,就能進行便利的資料分析,同時避免了不必要的雜訊。

■ 篩選器的設定方法

篩選器的設定步驟如下所示：

① 選擇「管理＞資料設定＞資料篩選器」，然後點選「建立篩選器」。

• 資料篩選器設定頁

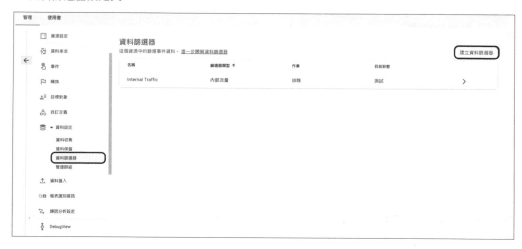

② 選擇篩選器種類。此處選擇「內部流量」。

• 選擇流量

③ 輸入資料篩選器的名稱。同一個資源中的資料篩選器名稱不得重複。

- 設定資料篩選器名稱

④ 輸入參數值的名稱（英文與數字）。內部流量的事件參數名稱被設定為「traffic_
type」，無法變更。

※ 可在「摘要」確認目前的篩選器設定。

- 設定參數值

⑤ 選擇篩選器狀態（測試中、有效、無效）。

- **將篩選器狀態改成有效**

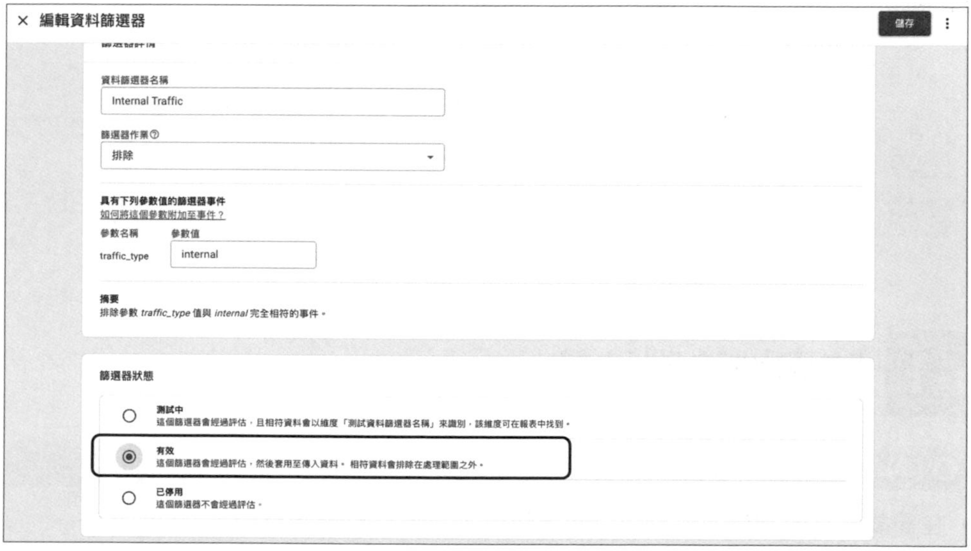

⑥ 按下「建立」，完成設定。

- **資料篩選器建立頁儲存選擇**

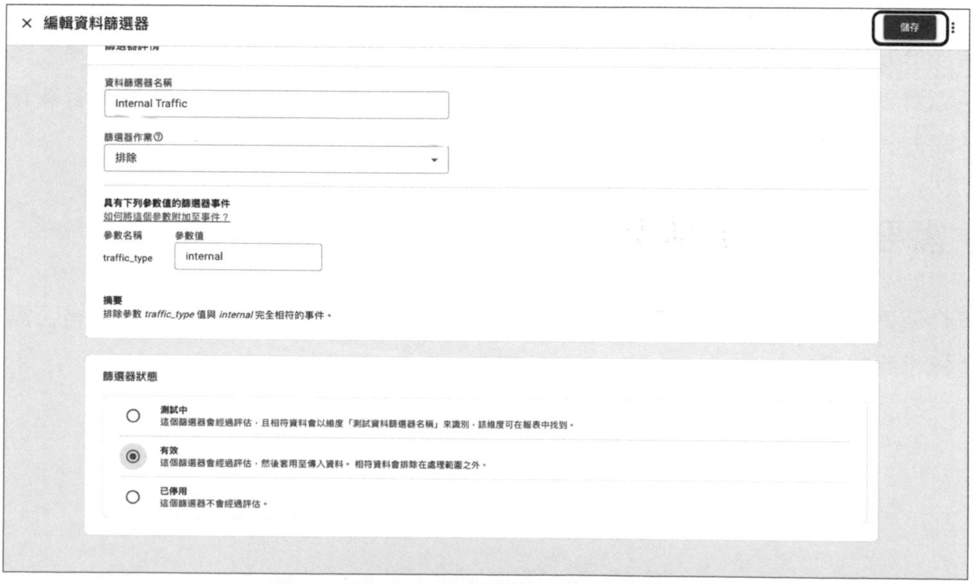

6 跨網域追蹤

設定跨網域追蹤後，可以對多個網站（多網域）進行評估。

6-1 跨網域追蹤總覽

POINT!

• 在需要跨多個網域進行一致測量的情況，這種設定特別有用。
• 掌握網站之間的轉換狀況。

■ 什麼是跨網域

跨網域評估是允許**跨不同網域進行統一測量**的功能。GA4 使用第一方 Cookie，當使用者拜訪不同網域的網站時會建立並儲存新的 Cookie，使得同一位使用者被視為不同的人。因此，設定跨網域評估功能有其必要。

■ 需要跨網域的情況

以下介紹兩個需要進行跨網域設定的典型情況，請根據你的自身需求來判斷是否需要進行相應設定。

購物網站

當購物網站採用另一個獨立的購物車網域，想要掌握使用者從購物到完成付款之間的流程。

（例）

購物網站的網域＝ a.com

購物車的網域＝ b.com

- **購物網站的跨網域示意圖**

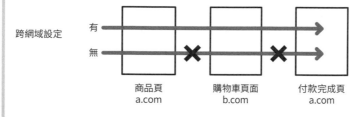

多個相關網站

如果你的公司擁有多個相關網站，並希望了解使用者在這些網站之間的流動情形，那麼設定跨網域追蹤會非常有用。

（例）

自家網站＝ a.com

相關網站＝ b.com

相關網站＝ c.com

- **跨網域示意圖**

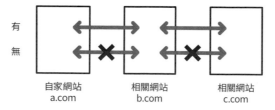

跨網域追蹤的設定方法

① 在管理頁面中，點選「資源列」的「資料串流」。

• **管理頁**

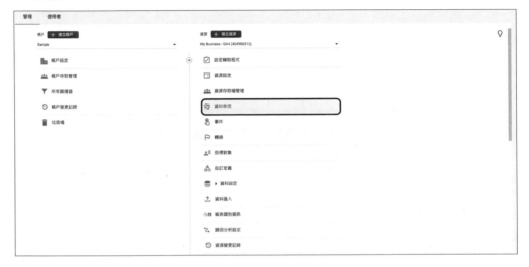

② 點選「建立資料串流」，然後選擇「網站」。

• **「資料串流」**

③ 在網站串流詳細資料中，按一下底部的「進行代碼設定」。

• 「網站串流詳細資料」

④ 在「設定」部分，點選「設定網域」。

• 「進行代碼設定」

⑤ 在「設定網域」頁，點選「新增條件」。

- 「設定網域」

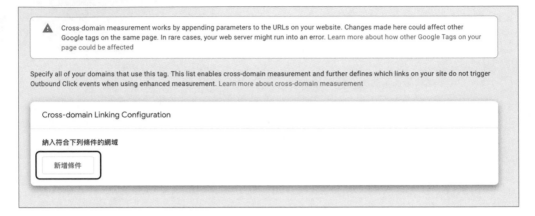

⑥ 選擇其中一種比對類型（包含、開頭為、結尾為、完全符合、與規則運算式相符），在「網域」下方輸入你要比對的網域 ID，然後按下「儲存」。系統會使用「或」邏輯來評估條件。

- 選擇比對類型

- 設定比對類型

- 設定時的警告資訊

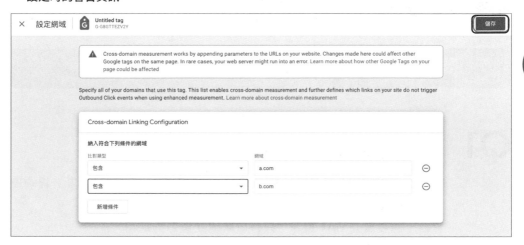

上圖中有一段文字表示「可能會影響到其他的 Google Analytics（分析）資源」，這意味著，如果你已有通用 Analytics（分析）資源的 Google 代碼設定，該設定將一併套用至 GA4 資源。請在管理頁面確認並新增你在通用 Analytics（分析）網頁程式碼中找到的網域。

⑦ 確認跨網域評估是否正常運作，前往目標網域，檢查目標網域的網址包含連接器參數 _gl。

（例）https://.com/?_gl=********

官方說明
「GA4」設定跨網域評估
https://support.google.com/analytics/answer/10071811#setup

第 2 天的總整理

問 題

Q1　關於 GA4 屬性的設定，請選擇正確敘述。

1. 使用「GA4 資源設定輔助程式」，從通用 Analytics（分析）資源遷移至 GA4 資源，可以併用兩種資源。
2. 想要建立 GA4 資源，只有重新建立資源的選項。
3. 如果是使用 WordPress 網站的通用 Analytics（分析）資源，只需要使用「GA4 資源設定輔助程式」就能重複使用代碼，不需要再重新設定代碼。
4. 使用「GA4 資源設定輔助程式」，從通用 Analytics（分析）資源遷移至 GA4 資源，可以讀取歷來資料。

Q2　關於資訊串流的設定，請選擇正確敘述。

1. 同一個資料串流可以同時設定網站、iOS 應用程式和 Android 應用程式。
2. 同一個 GA4 資源，最多可以註冊 100 個資料串流。
3. 在新增 GA4 資源時，不一定要設定資料串流。
4. 資料串流分為 3 種，分別是網站、iOS 應用程式和 Android 應用程式。

Q3　關於 Google 代碼管理工具，請選擇正確敘述。

1. Google 代碼管理工具可以被導入到各種不同的網站，因此一定要使用。
2. 導入 Google 代碼管理工具時，就算網站中存在多個網頁，只需要在主頁中添加 Google 代碼，即可套用到網站全體網頁。
3. Google 代碼管理工具所發布的代碼，無論添加到網頁原始碼的任何地方都能正常運作。
4. 如果網站已經設定了 Google Analytics（分析），如欲再設定 Google 代碼管理工具，則必須避免重複計算資料。

Q4　關於 GA4 和 Google 代碼管理工具的設定，請選擇正確敘述。

1. 只要設定了 Google 代碼管理工具就能導入 GA4，因此不需在 Google Analytics（分析）中新增或設定 GA4 資源。
2. 在 Google 代碼管理工具中導入 GA4 的基本測量時，可利用 「Google Analytics（分析）：GA4 設定」進行設定。
3. 透過 Google 代碼管理工具進行 GA4 的基本測量時，GA4 的 Google 代碼為必要條件。
4. 在 Google 代碼管理工具中導入 GA4 的基本測量時，可利用 「Google Analytics（分析）：GA4 事件」進行設定。

Q5　請問何者是可以在 GA4 事件中獲取的資料類型。

1. 類別
2. 動作
3. 參數
4. 標籤

Q6 在 GA4 的事件類型中，何者為錯誤選項？

1. 自訂事件
2. 多重事件
3. 建議事件
4. 自動收集的事件

Q7 在設定 GA4 轉換時，以下何者不是新增自訂事件的必要資訊？

1. 參數
2. 條件
3. 運算子
4. 值

Q8 關於自訂事件的敘述何者為誤？

1. 事件名稱有大小寫之分，my_event 和 My_Event 為兩個不同的事件。
2. 只能使用英文與數字，不能使用底線和空格。
3. 在建立自訂事件之前，建議先確認自動收集的事件中是否已經存在相同資料收集條件。
4. 在參數中設定 event_name，可以防止事件被重複計算。

Q9 如果想在 GA4 中排除從「192.168.0.1」到「192.168.0.10」的多個 IP 位址，請選擇正確選項。

1. 192.168.0.1^10
2. 192.168.0.1*10
3. 192.168.0.1:10
4. 192.168.0.1/10

Q10 關於 GA4 資料篩選器的敘述，以下何者為誤？

1. 根據資料檢視來設定資料篩選器。
2. 在 GA4 的管理頁可以設定跨網域追蹤。
3. 在管理頁可以對現有事件的內容進行變更。
4. 可自動排除自動尋檢程式與漫遊器的流量。

Q11 關於跨網域追蹤，請選出正確敘述。

1. 這是排除公司內部人員訪問自家網站的流量的方法。
2. 這是一套統一管理多個「代碼」的工具，不需要將代碼直接貼至各網站，也具有版本控制功能。
3. 這是允許跨不同網域進行統一測量的功能。
4. 「轉換」是指將網站訪客觸發了目標動作。

Q12 以下關於需要設定跨網域追蹤的場景，何者為誤？

1. 當購物網站（a.com）採用另一個獨立的購物車網域（b.com），想要掌握使用者從購物到完成付款之間的流程。
2. 公司管理多個相關網站（a.com、b.com、c.com），各網站之間沒有相互的連結，只想了解各自網站的資料。
3. 新聞網站（a.com）採用另一個獨立的會員註冊網域（b.com），想要掌握使用者從拜訪到完成註冊之間的流程。
4. 公司擁有多個相關網站（a.com、b.com、c.com），並希望了解使用者在這些網站之間的流動情形。

解 答

A1　1

1. 正解。

2. 在 GA4 版本中，可以利用現有的通用 Analytics（分析）資料來建立資源。

3. 使用「GA4 資源設定輔助程式」從現有的通用 Analytics（分析）資源轉換成 GA4 資源，無法直接重新使用原先的追蹤碼。如果使用 WordPress 等 CMS 的網站，你需要另行設定 GA4 的追蹤代碼。

4. 使用「GA4 資源設定輔助程式」從現有的通用 Analytics（分析）資源遷移到 GA4，不會將歷來資料導入到新的 GA4 資源中。只有在完成 GA4 設定後所產生的資料會被儲存。

A2　4

1. 只能從網站、iOS 應用程式、Android 應用程式三者中擇一建立資料串流。

2. 每一個 GA4 資源，最多可建立 50 個資料串流。

3. 新增 GA4 資源時，必須同時設定「資料串流」。

4. 正解。

A3　4

1. 電子商務網站的外部購物車系統可能無法導入 Google 代碼工具。

2. 必須在所有網頁中加入代碼。

3. 必須在 <head> 之後貼上代碼。

4. 正解。

A4　2

1. 必須在 Google Analytics（分析）中，建立 GA4 資源。
2. 正解。可在「Google Analytics（分析）：GA4 設定」進行 GA4 基本設定。
3. 評估 ID 為必要條件。
4. 同 2，可在「Google Analytics（分析）：GA4 設定」進行 GA4 的基本設定。

A5　3

1. 這是通用 Analytics（分析）的資料類型。雖然 GA4 也存在事件類型，但並非用於儲存資料，而是指不同的事件種類。
2. 這是通用 Analytics（分析）的資料類型。
3. 正解。
4. 這是通用 Analytics（分析）的資料類型。

A6　2

1. 事件類型。
2. 在 GA4 中不存在「多重事件」之類別。
3. 事件類型。
4. 事件類型。

A7　2

1. 參數用於定義什麼樣的情況會觸發事件，根據事件內容來指定參數名稱，例如，如果是網頁 URL，則指定「page_location」。

2. 正解。

3. 運算子是觸發事件參數的條件，有「小於、大於、包含、等於 …」等選項。

4. 值是根據參數所定義的值，例如，如果你想指定「https://example.com/thanks」這個確認頁面作為事件，則具體設定如下：參數 =page_location，運算子 = 包含，值 =/thanks。

A8　2

1. 大寫和小寫被視為不同的物件，因此在資料收集時可能會被重複計算，或在統計時需要合併資料。因此，命名規則應該在早期就取同相關人士之間的共識，並且應該能夠立即參照，這是非常重要的。

2. 正解。

3. 同 1，如果用不同的名稱對相同的事件進行重複評估會產生不必要的問題，所以最初就需要確認。

4. 例如，在使用「page_location」這個指定網頁 URL 的參數時，如 page_view、scroll、click 等預設事件都會被計算，造成統計時的不便，尤其是當你只想要計算特定頁面的瀏覽次數時。在這種情況下，你可以進行如下設定：條件 1：參數 =event_name，運算子 = 等於，值 =page_view；條件 2：參數 =page_location，運算子 = 包含，值 =※ 想指定的網頁 URL。

A9 2

1. 錯誤。
2. 錯誤。
3. 錯誤。
4. 在首尾的值之間插入半形的「/」來指定連續範圍。

A10 1

1. 正解。GA4 已廢除資料檢視，因此無法用於設定資料篩選器。
2. 錯誤。
3. 錯誤。
4. 錯誤。

A11 3

1. 這是關於資料篩選器的敘述。
2. 這是關於 Google 代碼管理工具的敘述。
3. 正解。
4. 這是關於轉換的敘述。

A12 2

1. 需要設定跨網域追蹤。
2. 不需要設定跨網域追蹤。可以透過個別的 Google Analytics 來了解各網站的使用者行為。
3. 需要設定跨網域追蹤。
4. 需要設定跨網域追蹤。

第3天

GA4 報表介面說明 1

第 3 天的學習內容

學習 GA4 的新版報表介面。第 3 天的內容
將說明報表功能（「報表數據匯報」報表、
「即時」報表、「使用者」報表、「生命週
期」報表、媒體庫）。

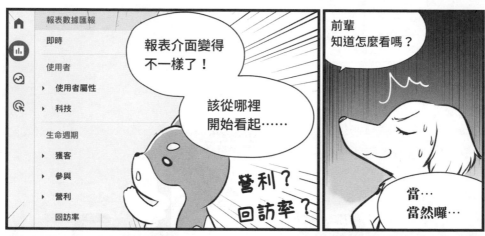

1 報表使用頻率排行榜

在 GA4 中，每個導覽面板中都新增了資訊主頁功能，可以在頁面中進行簡單的資料分析。首先，我們先認識一些資訊主頁功能中使用頻率較高的項目。

1-1 認識常用報表

POINT!

- 感到疑惑時，可以搜尋排行榜上的各報表來檢視資料。
- 介紹常見報表中一定要關注的重點。

使用 GA4 進行資料分析，實際使用頻率最高的報表排序如下：

> **使用頻率排行榜**
>
> 1. 「客層詳情」：檢視使用者的種類或屬性
> 2. 「流量開發」：透過流量檢視造訪來源
> 3. 「轉換」：分析轉換路徑
> 4. 「事件」：確認收集中的事件
> 5. 「網頁和畫面」：查看使用者造訪的網頁

接下來依序介紹各報表。

第 1 名「客層詳情」報表

這是位於資訊主頁中左側導覽面板「報表」下的「使用者＞使用者屬性＞客層詳情」的報表。報表提供網站或應用程式使用者的幾項主要特徵，包括使用者的語言、興趣、所在位置、年齡和性別，報表頁面將流量觸發區域顯示為①折線圖、②橫條圖和③表格。

- **客層詳情報表**

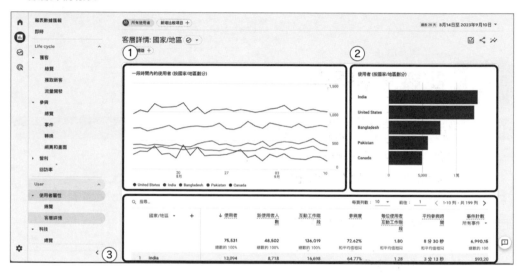

可供分析的維度如下表所示：

維度	說明
國家／地區	使用者來自哪個國家
區域	使用者來自哪個地區
城市	使用者來自哪個城市
語言	使用者使用何種語言
年齡	使用者的年齡 年齡層劃分與通用 Analytics（分析）相同，分為 18-24 歲、25-34 歲、35-44 歲、45-54 歲、55-64 歲、65 歲以上、未知。

維度	說明
性別	使用者的性別 性別劃分與通用 Analytics（分析）相同，分為男、女、未知。
興趣	具有高購買意欲的區隔等等

如下圖所示，點選客層詳情報表的③表格中「國家／地區」右側的「▼」，即可顯示維度。

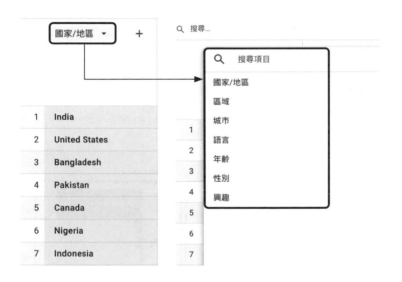

① 折線圖：顯示一段時間內的使用者（按國家／地區劃分）

　　折線圖的橫軸是時間，縱軸是使用者數量，可以顯示一段時間內的使用者數量。

　　透過折線圖，了解造訪次數最高的國家／地區及各自的使用者數量。

② 橫條圖：使用者（按國家／地區劃分）

　　橫條圖表示網站或應用程式的造訪次數最多的國家或地區。橫軸是使用者數量，縱軸是國家或地區。

　　透過橫條圖，直觀掌握造訪次數最多的地區。

③ 表格：維度和指標

這份表格會顯示類似通用 Analytics（分析）中的「維度和指標」。表格提供按地區、年齡、性別來確認使用者數量、參與和轉換數量，可以**輕鬆掌握使用者的人口統計資料、造訪量或轉換數**。

在表格中也可以進行類似通用 Analytics（分析）的**次要維度分析**，並且可以進行多種組合分析。

■ 第 2 名「流量開發」報表

這是位於「生命週期＞獲客＞流量開發」的報表。

報表頁面以①折線圖、②橫條圖和③表格，顯示使用者的流量來源。

• **流量開發報表**

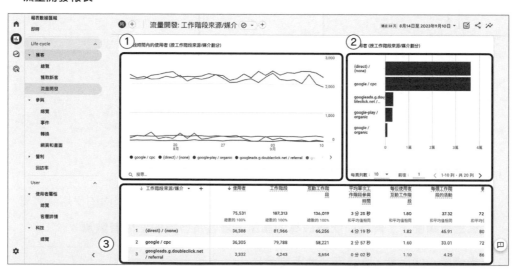

可供分析的維度如下表所示：

維度	說明
工作階段來源／媒介	與新工作階段相關聯的來源和媒介，例如 google/organic。
工作階段媒介	在新工作階段中獲客的方法。按照流量來源的類型進行顯示，例如：Organic、Display、CPC 等。在網頁網址標上 utm_medium 參數，藉此收集關於媒介的資料。

維度	說明
工作階段來源	代表帶來流量的發布商或廣告空間來源。在網頁網址標上 utm_source 參數，收集關於來源的資料。
工作階段廣告活動	在工作階段中促成轉換事件的促銷活動或行銷廣告活動名稱。在網頁網址標上 utm_campaign 參數，收集關於廣告活動的資料。
工作階段預設管道分組	這是報表的預設維度，管道分組是指按規則定義流量來源。預設管道群組包括 Organic Search（自然搜尋）、Display（多媒體廣告）、Direct（直接）等。

流量開發報表，類似於通用 Analytics（分析）版本的客戶開發分析，透過工作階段預設管道分組，可以確認流量路徑的造訪資料，**分析流量來源及數量。此外，你也可以分析目前正在投放的廣告活動策略中哪些具有高成效。**這些資料可以被加以應用到各式各樣的評估分析。

① 折線圖：一段時間內的使用者（按工作階段來源／媒介劃分）

這個折線圖按工作階段來源／媒介劃分，顯示一段時間內使用者造訪網頁或應用程式的前 5 大來源／媒介。

掌握流量的來源／媒介在一段時間內的變化狀況。橫軸為時間，縱軸為工作階段數量。

② 橫條圖：使用者（按工作階段來源／媒介劃分）

橫條圖顯示使用者造訪網頁或應用程式的前 5 個來源／媒介。

透過橫條圖，直觀掌握使用者造訪量最多的來源／媒介。

③ 表格：維度和指標

包含「工作階段來源／媒介」、「工作階段來源」、「工作階段廣告活動」等維度，也可以觀察按媒介或廣告活動劃分的使用者數量、參與數和轉換數，**確認造訪次數最高的管道，評估廣告活動與轉換的具體數值。**

此外，如果想要觀察新使用者人數，建議您使用位於「生命週期＞獲客＞獲取新客」的報表。

■ 第 3 名「轉換」報表

這是位於「生命週期＞參與＞轉換」的報表。

首先，在轉換報表中選擇想要分析的轉換事件名稱。

※ 關於轉換，必須事先在「設定＞轉換」頁面進行設定。
※ 請參考第 2 天關於轉換設定的內容。

• **參與＞轉換**

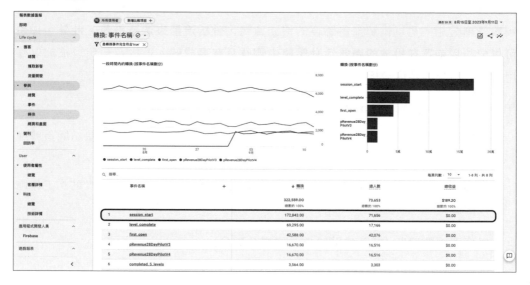

以「session_start」事件為例，在轉換報表下方的表格點選「session_start」後，畫面將顯示關於「session_start」這個事件的轉換報表。

- **轉換報表頁面**

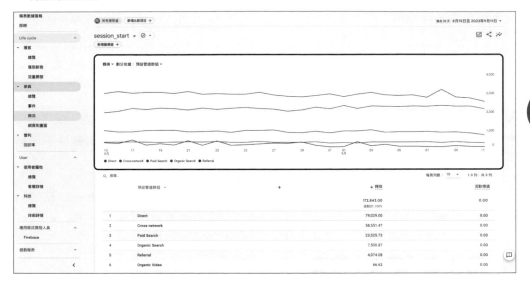

在轉換報表中，使用者觸發轉換事件的次數以折線圖表示。

① 折線圖：一段時間內的轉換（按事件來源劃分）

這個折線圖顯示一段時間內轉換次數的前 5 大事件來源。橫軸為時間，縱軸為轉換次數。

可供分析的維度如下表所示：

維度	說明
工作階段來源	與啟動工作階段相關聯的來源，比如搜尋引擎（如 Google）或網站（如 example.com）。
工作階段媒介	與啟動工作階段相關聯的媒介，比如自然搜尋（organic）、單次點擊出價（CPC）、網站推薦連結（referral）等。
工作階段廣告活動	與啟動工作階段相關聯的廣告活動，例如 Google Ads 或使用 utm_campaign 參數設定的自訂廣告活動名稱。
工作階段 Google Ads 廣告群組 ID	促成轉換事件的廣告在 Google Ads 中的廣告群組 ID。
工作階段 Google Ads 廣告群組名稱	促成轉換事件的廣告在 Google Ads 中的廣告群組名稱。

第 **3** 天

1 報表使用頻率排行榜

維度	說明
工作階段 Google Ads 聯播網類型	促成轉換事件的廣告所顯示的位置（google.com、搜尋夥伴或多媒體廣告聯播網）。
工作階段廣告活動 Creator ID	促成轉換事件的廣告在 Google Ads 中的廣告活動 Creator ID。

藉由**選取不同的維度，可以觀察並確認轉換事件的主要發生路徑**。點選「維度」欄右側的「+」符號，還可以選取次要維度，例如年齡、性別、裝置等，對轉換事件進行更細部的分析。

此外，還可以在點選報表右上方的時間區塊，然後選擇「比較」，與過去一段時間的成效進行比對。

■ 第 4 名「事件」報表

這是位於「生命週期＞參與＞事件」的報表。

報表頁面以①折線圖、②橫條圖和③表格，顯示事件的觸發次數。

- **事件報表頁面**

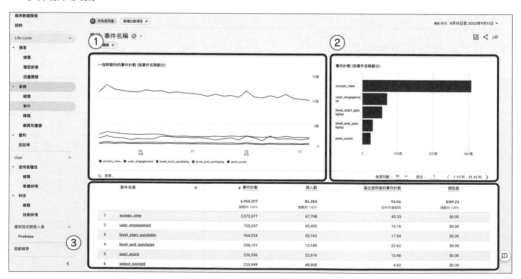

根據預設，報表只包含「事件名稱」維度。

針對如 page_view、scroll 等預設事件以及自訂事件，系統會顯示「事件計數」、「總人數」、「每位使用者的事件計數」以及「總收益」等指標。

GA4 中大部分資料都是以事件為基礎進行測量，這是確認資料是否被正常蒐集統計的必備報表。

如果想進行自訂分析，首先必須設定自訂事件。

① 折線圖：一段時間內的事件計數（按事件名稱劃分）

這個折線圖顯示一段時間內按事件名稱劃分的前 5 大事件計數。**可以掌握個別事件的觸發次數趨勢**。橫軸為時間，縱軸為轉換次數。

② 橫條圖：事件計數（按事件名稱劃分）

這個橫條圖的縱軸為事件名稱，橫軸為事件計數，**可以觀察觸發次數最高的事件名稱及其觸發次數**。

③ 表格

此表格顯示 GA4 的預設事件及事先自訂的事件之計數、使用者總數、每位使用者的事件計數，如設定為電子商務報表，也會顯示總收益指標。

可以總覽觸發每個事件的使用者人數，以及每個事件的相關收益。

■ 第 5 名「網頁和畫面」報表

這是位於「生命週期＞參與＞網頁和畫面」的報表。

報表頁面以①折線圖、②橫條圖和③表格，顯示使用者在網站上瀏覽的網頁和在行動應用程式上開啟的畫面相關資料。

• 網頁和畫面報表

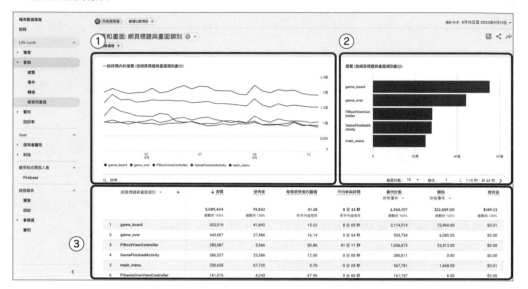

此報表類似於通用 Analytics（分析）版本的「行為＞網站內容＞所有網頁」，可以在此查看相關分析。

① 折線圖：一段時間內的瀏覽（按網頁標題與畫面類別劃分）

這個折線圖顯示一段時間內按網頁標題與畫面類別劃分的前 5 大瀏覽量。縱軸為瀏覽量，橫軸為時間，**可以掌握瀏覽量最高的網頁標題或畫面類別。**

② 橫條圖：瀏覽（按網頁標題與畫面類別劃分）

這個橫條圖的縱軸為瀏覽量網頁標題或畫面類別，**可以觀察一段時間內瀏覽次數最高的網頁。**

③ 表格：維度和指標

包含「網頁標題與畫面類別」、「網頁路徑與畫面類別」、「網頁標題與畫面名稱」等維度，可以觀察每個使用者數量、平均參與時間、轉換數等指標，可以確認瀏覽次數最高的網頁或畫面的具體數值。

可供分析的維度如下表所示：

維度	說明
網頁標題與畫面類別	網站的網頁標題和行動應用程式的畫面類別。
網頁路徑與畫面類別	網站網址中的網頁路徑，以及行動應用程式的畫面類別。
網頁標題與畫面名稱	網頁標題、應用程式開發人員指定的畫面名稱。
內容群組	與網頁或畫面相關聯的（自訂）內容分類。

透過這份報表，對個別網頁進行相關分析，瞭解使用者在網站和應用程式上的行動，進而**掌握使用者經常瀏覽的主要網頁**。

◼ 總整理

透過本節介紹的各資訊主頁，可以觀察獲取使用者的管道、造訪網頁、觸發事件等等，請定期查看這些報表，觀察使用者行為，掌握業務相關資料。

第 **3** 天

1 報表使用頻率排行榜

2 報表數據匯報

「報表數據匯報」可以作爲資訊主頁，總覽主要指標。

2-1 報表數據匯報

POINT!

- 可以總覽主要指標的資訊主頁
- 可自訂總覽報表

「報表數據匯報」是指當使用者點選左側導覽面板中的「報表」時，畫面上所顯示的總覽報表，可以一眼瀏覽網站或應用程式的概況。

■ 作爲資訊主頁

「報表數據匯報」中涵蓋使用者數量、即時、工作階段媒介、轉換等**重要指標，可以作為資訊主頁，一眼瀏覽網站或應用程式的趨勢概況**。點選各資訊卡的右下角的「查看…」文字，可以跳轉至各報表的詳細頁面。

- 「報表數據匯報」頁面（預設）

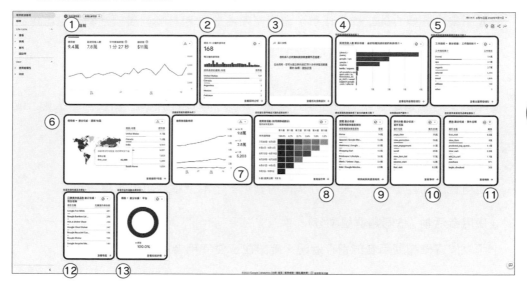

系統預設的資訊卡分別為：

① **總覽**

可以確認所有使用者、新使用者人數、平均參與時間、總收益等指標的趨勢變化。

② **即時**

查看過去 30 分鐘內造訪的使用者來自哪些國家／地區。

③ **深入分析**

當資料發生異常或出現新的趨勢時會自動顯示通知。此處也會顯示您事前設定的條件來偵測資料變化情形的通知。

④ **新使用者人數（最初招攬到使用者的媒介）**

可確認新使用者人數與媒介，掌握新使用者來自何處。可將維度切換成「最初招攬到使用者的媒介」或「最初招攬到使用者的來源／媒介」。

⑤ 工作階段（工作階段媒介）

確認來自各媒介的工作階段數，掌握使用者最常觀看哪些廣告活動。也可以確認觸發參與的工作階段數。

⑥ 使用者（國家／地區）

顯示使用者造訪量最高的國家／地區。可以將維度切換成「新使用者人數」或「回訪者」。

⑦ 使用者活動時序

使用者活動在 1 天、7 天、30 天內的變化，了解活躍使用者的趨勢。

⑧ 使用者活動（依同類群組劃分）

可以按週確認使用者的留存狀況，確認在留住使用者這方面的成效。

⑨ 瀏覽（劃分依據：網頁標題與畫面類別）

按網頁標題與畫面類別的瀏覽次數排序，確認哪些頁面和畫面取得了最多的觀看次數。

⑩ 事件計數（劃分依據：事件名稱）

事件觸發計數的排序，可了解哪些是熱門事件。

⑪ 轉換（劃分依據：事件名稱）

轉換觸發次數的排序，可了解使用者最常完成哪些轉換。

⑫ 已購買的商品數（劃分依據：項目名稱）

可確認使用者購買的商品數，了解最熱銷的品項。

⑬ 轉換（劃分依據：平台）

確認觸發轉換的平台（網站或應用程式），掌握各個平台的活動成果。

■ 自訂總覽報表

可以自訂總覽報表並新增到「報表數據匯報」中。

在「報表數據匯報」中，按一下右上角的「自訂報表」圖示，自訂總覽報表。第 3 天的第 6 節「媒體庫」將詳細介紹如何自訂總覽報表，這裡先簡略一提。

- **自訂報表①**

點選報表右上角的「鉛筆」圖示，自訂總覽報表。

- **自訂報表②**

在自訂報表頁面中，可以刪除現有的資訊卡或是新增資訊卡，建立新的「報表數據匯報」。完成後請點選「儲存」。

3 即時報表

運用「即時」報表，隨時掌握網站或應用程式中發生的使用者活動。

3-1 即時報表總覽

POINT!

- 可確認追蹤代碼是否正常運作
- 即時確認社群媒體發文或廣告活動的影響力

■ 即時報表可提供的資訊

運用「即時」報表，**可以確認目前網站的瀏覽量與使用者人數、顯示網頁、流量來源、包含轉換在內的事件等資訊。**

即時報表提供以使用者為範圍的維度和指標資訊：

1. 過去 30 分鐘內每分鐘的使用者人數
2. 按來源、媒介或廣告活動劃分使用者：使用者來自哪些管道
3. 按目標對象劃分使用者或新使用者：使用者的身分
4. 按網頁標題或畫面名稱劃分使用者：使用者與哪些內容互動
5. 按事件名稱劃分事件計數：觸發哪些事件
6. 按事件名稱劃分轉換：完成哪些轉換
7. 按使用者屬性劃分使用者

- 即時報表的資訊主頁介面

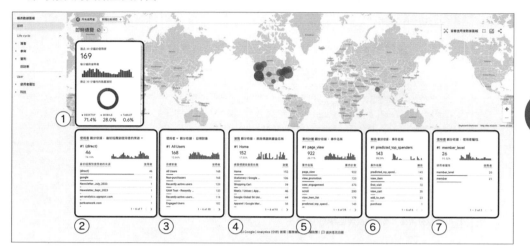

① 過去 30 分鐘的使用者

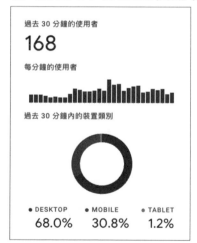

可以觀察過去 30 分鐘內每分鐘的使用者人數，也可以觀察使用者裝置類別
的比例。

將滑鼠游標移至圓餅圖，可以檢視各裝置的詳細數值。

② 使用者（劃分依據：最初招攬到使用者的來源）

確認造訪網站或應用程式的使用者**來自哪些管道**。

點選「最初招攬到使用者的來源」旁邊的「▼」，可以將維度切換為「最初招攬到使用者的來源」、「最初招攬到使用者的媒介」、「最初招攬到使用者的廣告活動」等項目。

③ 使用者（劃分依據：目標對象）

可以**按目標對象確認使用者人數**。關於目標對象的設定，可以在「設定＞目標對象報表」中進行設定。

④ 瀏覽（劃分依據：網頁標題與畫面名稱）

按照網頁標題與畫面名稱劃分，使用者瀏覽的**應用程式畫面／網頁數量與比例**。

⑤ 事件計數（劃分依據：事件名稱）

事件計數 劃分依據： 事件名稱

#1 page_view
1,185
28.76%

事件名稱	事件計數
page_view	1,185
view_promotion	1,057
user_engagement	488
scroll	341
view_item_list	231
session_start	143

1 – 6 of 25 ⟨ ⟩

按事件名稱劃分的使用者**觸發事件之次數與比例**。

⑥ 轉換（劃分依據：事件名稱）

轉換 劃分依據： 事件名稱

#1 view_item
136
34.69%

事件名稱	轉換
view_item	136
predicted_top_spenders	101
first_visit	75
view_cart	47
add_to_cart	32
purchase	1

1 – 6 of 6 ⟨ ⟩

可以確認使用者**觸發轉換事件的次數**。

⑦ 使用者（劃分依據：使用者屬性）

按使用者屬性劃分的使用者數量。

即時報表可以幫助您即時確認**完成初期設定後，追蹤程式碼在您的網站或應用程式上是否正常運作、使用者是否瀏覽網站上的新內容、社群網站貼文或廣告活動對流量的即時效果**等等。第一次設定好 GA4 屬性之後，先到「即時報表」中確認一切是否正確運作吧。

4 使用者

「使用者」總覽報表會摘要列出造訪網站或應用程式使用者的相關資料，例如年齡、性別、瀏覽時間、來自何處、使用的裝置或瀏覽器等等。可以透過「使用者」報表，分析使用者是如何造訪及瀏覽網站以及相關轉換。

4-1 使用者屬性

POINT!

- 「使用者屬性」報表提供關於使用者的相關資料，例如造訪時間與位置、年齡、性別、興趣等，可以一覽網站使用者的全貌。
- 根據各屬性資訊，可以了解使用者觸發了哪些事件（點擊、轉換、參與等）。

「使用者屬性」總覽報表會摘要列出網站或應用程式使用者的相關資料，可以藉由這份報表兩解使用這的種類和屬性，並且按各屬性檢視使用者進行了哪些行為（事件）。

■ 使用者屬性總覽

在使用者屬性總覽中，可以查看以下資訊：

1. 使用者（按國家／地區劃分）
2. 過去 30 分鐘的使用者
3. 使用者（按城市劃分）
4. 使用者（按性別劃分）

5. 使用者（按興趣劃分）

6. 使用者（按年齡劃分）

7. 使用者（按語言劃分）

- **使用者屬性總覽頁**

① 使用者（按國家／地區劃分）

此資料卡顯示活躍使用者最常來自哪些國家／地區，以及各國家／地區的活躍使用者人數。點選「使用者」選單，可以檢視「新使用者人數」、「回訪者」的資料。

- 使用者（按國家／地區劃分）

將滑鼠游標懸停在地圖上任意國家／地區，可以查看一段時間內該國家／地區的使用者數量。如欲查看詳細資料，請點選「查看國家／地區」。

- 使用者（按國家／地區劃分）

● 客層詳情

點選「查看國家／地區」，頁面會跳轉至「客層詳情」主頁，可以檢視「國家／地區」、「語言」等維度的詳細資料。

關於「過去 30 分鐘的使用者」的資料，不會顯示在「客層詳情」，而是「即時總覽」報表。

• **客層詳情：國家／地區**

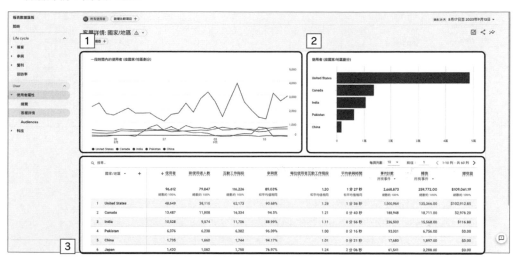

① **一段時間內的使用者（按國家／地區劃分）**

以折線圖顯示一段時間內按國家／地區劃分的使用者數量變化。

② **使用者（按國家／地區劃分）**

以橫條圖顯示前 5 大國家／地區的使用者數量。

③ **表格**

以「國家／地區」為維度，顯示關於使用者的各種指標（使用者數、互動工作階段、參與度、事件計數、轉換數等）。

這些共通指標可在「使用者屬性」和「科技」報表中查看。例如「使用者（按年齡劃分）」和「使用者（按瀏覽器劃分）」報表也使用同一套指標。

此外，點選「國家／地區」維度右側的藍色「+」圖示，可以設定次要維度。

- **客層詳情：國家／地區（在表格中選擇次要維度）**

② 過去 30 分鐘的使用者

可以確認過去 30 分鐘內造訪網站的使用者來自哪些國家／地區。

③ 使用者（劃分依據：城市）

城市	使用者
New York	3,442
Toronto	2,639
Mountain View	2,105
Lahore	1,788
Sunnyvale	1,655
San Francisco	1,604
San Jose	1,554

查看城市 →

顯示活躍使用者最常來自哪些城市，以及各城市的活躍使用者人數。點選「查看城市」，會跳轉至「客層詳情：城市」報表。

• **客層詳情：城市**

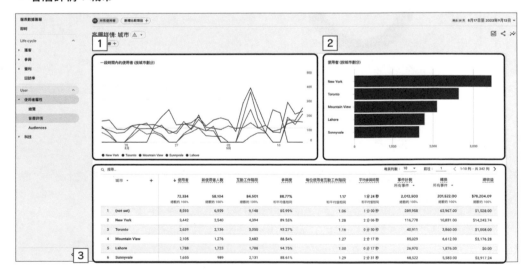

① 一段時間內的使用者（按城市劃分）

以折線圖顯示一段時間內按城市劃分的使用者數量變化。

② 使用者（按城市劃分）

以橫條圖顯示前 5 大城市的使用者數量。

③ 表格

以「城市」為維度，顯示關於使用者的各種指標（使用者數、互動工作階段、參與度、事件計數、轉換數等）。可以對表格設定次要維度，進行更細部的分析。

④ 使用者（劃分依據：性別）

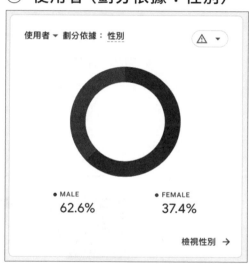

根據性別顯示活躍使用者的詳細資料，可以檢視男、女性使用者之比例，點選「檢視性別」，可開啟「客層詳情：性別」報表。

- **客層詳情：性別**

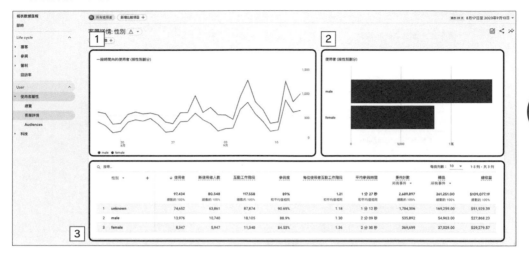

第**3**天

4 使用者

① **一段時間內的使用者（按性別劃分）**

   以折線圖顯示一段時間內的男、女性使用者數量變化。

② **使用者（按性別劃分）**

   以橫條圖顯示男、女性使用者之數量。

③ **表格**

   以「性別」（男、女、未知）為維度，顯示關於使用者的各種指標（使用者
   數、互動工作階段、參與度、事件計數、轉換數等）。可以對表格設定次
   要維度，進行更細部的分析。

⑤ 使用者（劃分依據：興趣）

使用者 ▼ 劃分依據：興趣	⚠ ▼
興趣	**使用者**
Technology/Technophiles	1.3萬
Media & Entertainment/Light...	1萬
Media & Entertainment/TV L...	9,480
Media & Entertainment/Movi...	9,259
Technology/Mobile Enthusia...	8,214
Travel/Travel Buffs	8,137
Banking & Finance/Avid Inve...	8,106
	查看興趣 →

可以在這個資訊卡按興趣查看各類別中的使用者數量。點選「查看興趣」，可開啟「客層詳情：興趣」報表。

- **客層詳情：興趣**

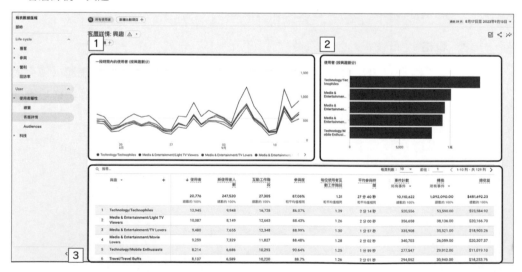

1　一段時間內的使用者（按興趣劃分）

以折線圖顯示一段時間內按興趣劃分的使用者數量變化。

2　使用者（按興趣劃分）

以橫條圖顯示各興趣類別的使用者數量。

3　表格

以「興趣」為維度，顯示關於使用者的各種指標（使用者數、互動工作階段、參與度、事件計數、轉換數等）。可以對表格設定次要維度，進行更細部的分析。

⑥ 使用者（劃分依據：年齡）

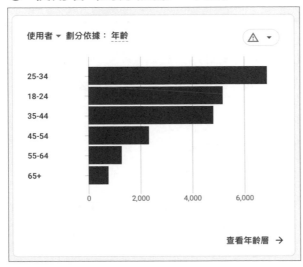

根據年齡層顯示活躍使用者的詳細資料，包括「18-24 歲」、「25-34 歲」、「35-44 歲」、「45-54 歲」、「55-64 歲」和「65 歲以上」。點選「查看年齡層」，可開啟「客層詳情：年齡」報表。

- **客層詳情：年齡**

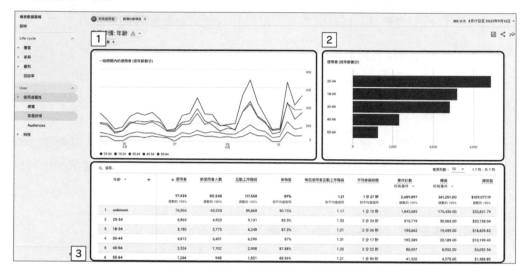

1 **一段時間內的使用者（按年齡劃分）**

以折線圖顯示一段時間內按年齡層劃分的使用者數量變化。

2 **使用者（按年齡劃分）**

以橫條圖顯示各年齡層的使用者數量。

3 **表格**

以「年齡」為維度，顯示關於使用者的各種指標（使用者數、互動工作階段、參與度、事件計數、轉換數等）。可以對表格設定次要維度，進行更細部的分析。

⑦ 使用者（劃分依據：語言）

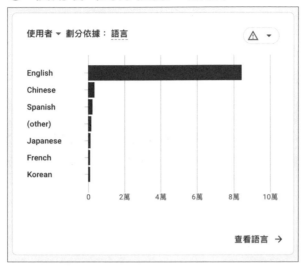

透過訪客瀏覽器的語言設定，可以得知使用者的語言資料。點選「查看語言」，可開啟「客層詳情：語言」報表。

• **客層詳情：語言**

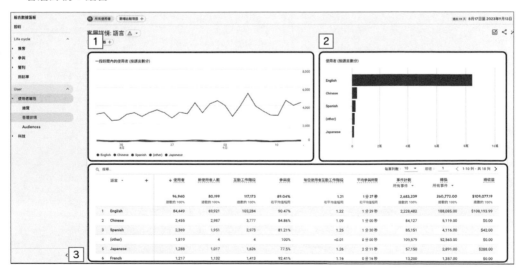

1. **一段時間內的使用者（按語言劃分）**

   以折線圖顯示一段時間內按語言劃分的使用者數量變化。

2. **使用者（按語言劃分）**

   以橫條圖顯示各語言的使用者數量。

3. **表格**

   以「語言」為維度，顯示關於使用者的各種指標（使用者數、互動工作階段、參與度、事件計數、轉換數等）。可以對表格設定次要維度，進行更細部的分析。

4-2 科技

POINT!

- 「技術」總覽報表概略說明使用者用來存取網站或應用程式的裝置、瀏覽器或應用程式版本等資訊
- 可以掌握使用者如何存取網站或應用程式、觸發了哪些事件（點擊、轉換、參與）等資訊

「技術」總覽報表提供使用者透過何種環境存取網站或應用程式（例如瀏覽器、裝置型號等），以及觸發了哪些行為（事件）等相關資訊。

■ 技術總覽

技術總覽報表提供以下資訊：

1. 使用者（劃分依據：平台）
2. 過去 30 分鐘的使用者
3. 使用者（劃分依據：作業系統）
4. 使用者（劃分依據：平台／裝置類別）
5. 使用者（劃分依據：瀏覽器）
6. 使用者（劃分依據：裝置類別）
7. 使用者（劃分依據：螢幕解析度）
8. 使用者（劃分依據：應用程式版本）
9. 最新應用程式版本總覽
10. 應用程式穩定性總覽
11. 使用者（劃分依據：裝置型號）

「平台」是指使用者存取網站或應用程式的方法，分為「網站（PC、平板裝置、智慧型手機）」、「iOS」、「Android」三類。

- 技術總覽（包含應用程式）畫面來源：Google 示範帳戶 GA4 - Flood-It!

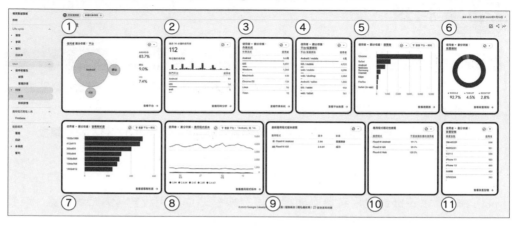

儘管智慧型手機可以顯示響應式網頁（在瀏覽器中顯示），**但對於像「沒有應用程式」的服務，平台將只會顯示「網站」的訪客資料，不會顯示與應用程式相關的資訊。**

就像下圖的例子，在「使用者（劃分依據：平台）」資訊卡內「網站」佔 100%，而「使用者（劃分依據：應用程式版本）」、「最新應用程式版本總覽」和「使用者（劃分依據：裝置型號）」由於沒有可供獲取的資料，因此顯示為「目前沒有任何資料」。

- 技術總覽（不含應用程式）

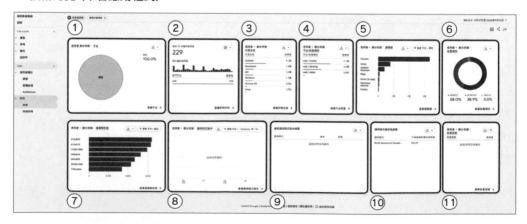

① 使用者（劃分依據：平台）

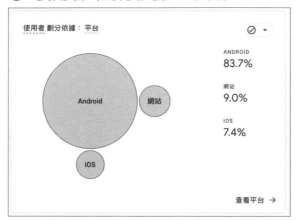

「使用者（劃分依據：平台）」會顯示最多人使用的平台，以及「Android」、「iOS」和「網站」各平台使用者數量之比例。

● 技術詳情

點選「查看平台」，畫面將跳轉至「技術詳情：平台」。

* **技術詳情：平台**

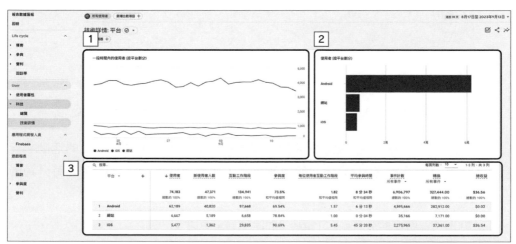

1 一段時間內的使用者（按平台劃分）

以折線圖表示一段時間內按平台劃分的使用者數量變化。

2 使用者（按平台劃分）

以橫條圖顯示按平台劃分的使用者數量。

3 表格

以「平台」為維度，顯示關於使用者的各種指標（使用者數、互動工作階段、參與度、事件計數、轉換數等）。可以對表格設定次要維度，進行更細部的分析。

② 過去 30 分鐘的使用者

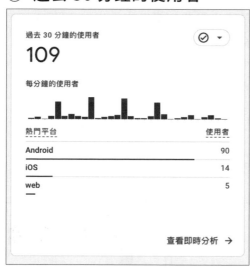

「過去 30 分鐘的使用者」根據即時報表中的資料，顯示當下發生的活動。資訊卡會顯示過去 30 分鐘的使用者總數，並以直條圖顯示這段期間每分鐘的使用者人數。

點選「查看即時分析」，可開啟「即時總覽」報表。

③ 使用者（劃分依據：作業系統）

作業系統	使用者
Android	6.6萬
iOS	6,691
Windows	1,265
Macintosh	630
Chrome OS	154
Linux	93
Tizen	10

使用者 ▾ 劃分依據：作業系統

查看作業系統 →

根據作業系統顯示活躍使用者的詳細資料。常見作業系統包括「Android」、「ChromeOS」、「Macintosh」和「Windows」。點選「查看作業系統」，可開啟「技術詳情：作業系統」報表。

- **技術詳情：作業系統**

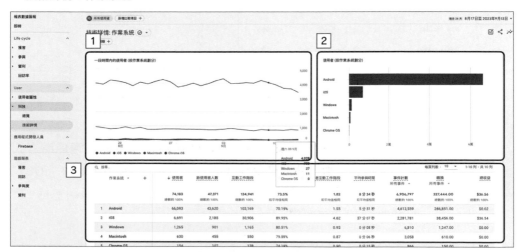

1　一段時間內的使用者（按作業系統劃分）

　　以折線圖表示一段時間內按作業系統劃分的使用者數量變化。

2　使用者（按作業系統劃分）

　　以橫條圖顯示按作業系統劃分的使用者數量。

3　表格

　　以「作業系統」為維度，顯示關於使用者的各種指標（使用者數、互動工作階段、參與度、事件計數、轉換數等）。可以對表格設定次要維度，進行更細部的分析。

④　使用者（劃分依據：平台／裝置類別）

使用者 ▼　劃分依據：平台/裝置類別	⊘ ▼
平台/裝置類別	使用者
Android / mobile	6萬
iOS / mobile	4,532
web / mobile	4,296
web / desktop	2,084
Android / tablet	1,860
iOS / tablet	956
web / tablet	561
查看平台裝置　→	

此資訊卡顯示最常用的平台裝置組合，以及使用各個平台的活躍使用者人數。平台是指使用者存取網站或應用程式的方法，例如「Android」、「iOS」和「網站」。裝置類別是指使用者活動的來源裝置類型。裝置類別包括「桌機」、「行動裝置」和「平板電腦」。

點選「查看平台裝置」，可開啟「技術詳情：平台／裝置類別」報表。

• 技術詳情：平台／裝置類別

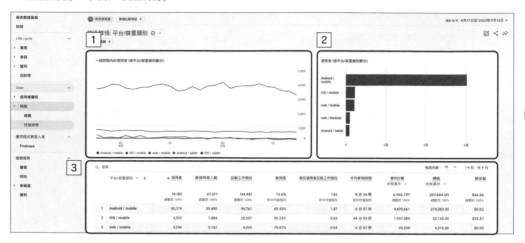

① **一段時間內的使用者（按平台／裝置類別劃分）**

以折線圖表示一段時間內按平台／裝置類別劃分的使用者數量變化。

② **使用者（按平台／裝置類別劃分）**

以橫條圖顯示按平台／裝置類別劃分的使用者數量。

③ **表格**

以「平台／裝置類別」為維度，顯示關於使用者的各種指標（使用者數、互動工作階段、參與度、事件計數、轉換數等）。可以對表格設定次要維度，進行更細部的分析。

⑤ 使用者（劃分依據：瀏覽器）

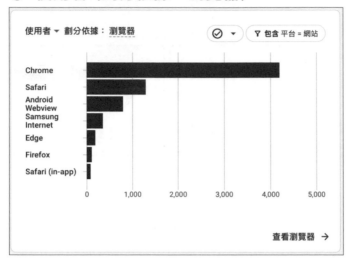

此資訊卡會根據使用者活動的來源瀏覽器，顯示活躍使用者的詳細資料。常見瀏覽器包括「Chrome」、「Edge」、「Firefox」、「Internet Explorer」、「Opera」和「Safari」。

點選「查看瀏覽器」，可開啟「技術詳情：瀏覽器」報表。

- **技術詳情：瀏覽器**

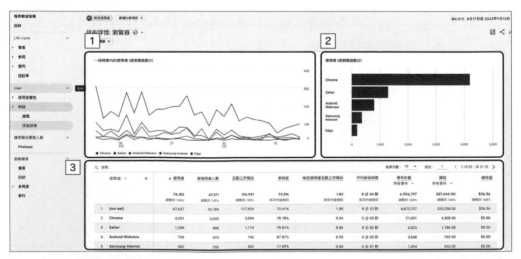

1 一段時間內的使用者（按瀏覽器劃分）

以折線圖表示一段時間內按瀏覽器劃分的使用者數量變化。

2 使用者（按瀏覽器劃分）

以橫條圖顯示按瀏覽器劃分的使用者數量。

3 表格

以「瀏覽器」為維度，顯示關於使用者的各種指標（使用者數、互動工作階段、參與度、事件計數、轉換數等）。可以對表格設定次要維度，進行更細部的分析。

第3天

4 使用者

⑥ 使用者（劃分依據：裝置類別）

此資訊卡根據裝置類別（也就是使用者活動的來源裝置類型），顯示活躍使用者詳細資料。裝置類別包括「桌機」、「行動裝置」和「平板電腦」。

點選「裝置類別」，可開啟「技術詳情：裝置類別」報表。

- 技術詳情：裝置類別

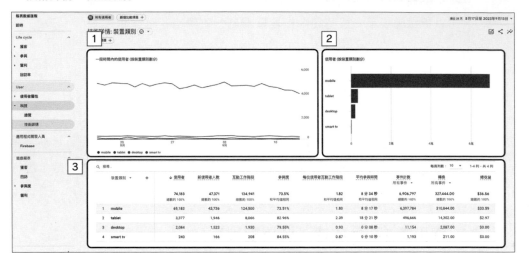

① 一段時間內的使用者（按裝置類別劃分）

以折線圖表示一段時間內按裝置類別劃分的使用者數量變化。

② 使用者（按裝置類別劃分）

以橫條圖顯示按裝置類別劃分的使用者數量。

③ 表格

以「裝置類別」為維度，顯示關於使用者的各種指標（使用者數、互動工作階段、參與度、事件計數、轉換數等）。可以對表格設定次要維度，進行更細部的分析。

⑦ 使用者（劃分依據：螢幕解析度）

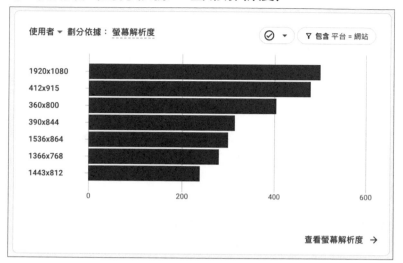

此資訊卡根據螢幕解析度（即使用者活動來源螢幕的寬度和高度，以像素為單位），顯示活躍使用者詳細資料，例如「1920x1080」、「1440x900」和「1366x768」。

點選「查看螢幕解析度」，可開啟「技術詳情：螢幕解析度」報表。

- **技術詳情：螢幕解析度**

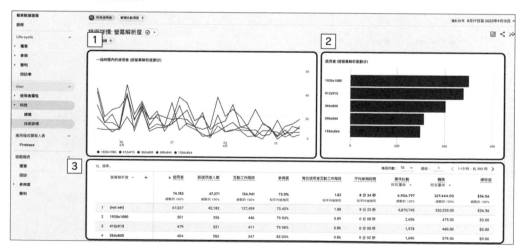

1 一段時間內的使用者（按螢幕解析度劃分）

以折線圖表示一段時間內按螢幕解析度劃分的使用者數量變化。

2 使用者（按螢幕解析度劃分）

以橫條圖顯示按螢幕解析度劃分的使用者數量。

3 表格

以「螢幕解析度」為維度，顯示關於使用者的各種指標（使用者數、互動工作階段、參與度、事件計數、轉換數等）。可以對表格設定次要維度，進行更細部的分析。

⑧ 使用者（劃分依據：應用程式版本）

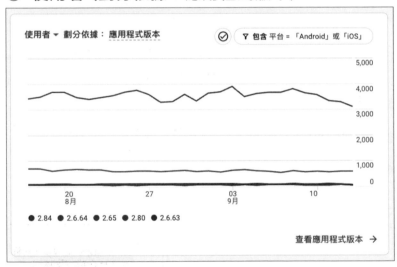

此資訊卡根據使用者的行動應用程式版本，顯示活躍使用者詳細資料。應用程式版本是行動應用程式的 versionName（Android）或簡短軟體包版本編號（iOS）。（在沒有評估應用程式的情況下，此資訊卡不會顯示任何資料。）

點選「查看應用程式版本」，可開啟「技術詳情：應用程式版本」報表。

• **技術詳情：應用程式版本**

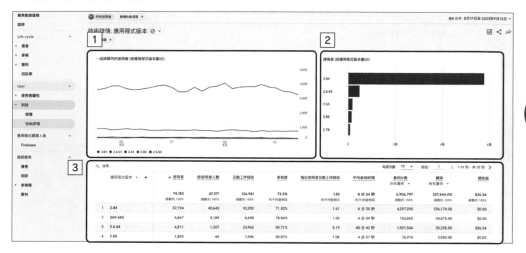

① 一段時間內的使用者（按應用程式版本劃分）

以折線圖表示一段時間內按應用程式版本劃分的使用者數量變化。

② 使用者（按應用程式版本劃分）

以橫條圖顯示按應用程式版本劃分的使用者數量。

③ 表格

以「應用程式版本」為維度，顯示關於使用者的各種指標（使用者數、互動工作階段、參與度、事件計數、轉換數等）。可以對表格設定次要維度，進行更細部的分析。

⑨ 最新應用程式版本總覽

此資訊卡會顯示各個應用程式版本（例如 Android、iOS）的最新版本狀態。

⑩ 應用程式穩定性總覽

應用程式穩定性總覽	⊘ ▾
應用程式	不受當機影響的使用者
Flood-It! Android	99.7%
Flood It! iOS	99.9%
Flood-It! Web	100.0%

此資訊卡顯示未遇過應用程式閃退或當機情形的使用者比例。

⑪ 使用者（劃分依據：裝置型號）

此資訊卡根據使用者的裝置型號名稱（例如 iPhone 11 或 SM-A032F），顯示活躍使用者詳細資料。點選「查看裝置型號」，可開啟「技術詳情：裝置型號」報表。

- **技術詳情：裝置型號**

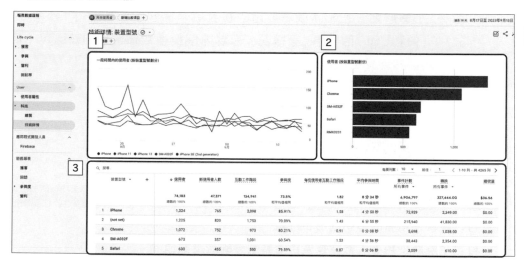

☐ **一段時間內的使用者（按裝置型號劃分）**

以折線圖表示一段時間內按裝置型號劃分的使用者數量變化。

☐ **使用者（按裝置型號劃分）**

以橫條圖顯示按裝置型號劃分的使用者數量。

☐ **表格**

以「裝置型號」為維度，顯示關於使用者的各種指標（使用者數、互動工作階段、參與度、事件計數、轉換數等）。可以對表格設定次要維度，進行更細部的分析。

5 生命週期

「生命週期」是 GA4 版本新增的報表集合，包含「獲客」、「參與」、「營利」和「回訪率」等報表，可以瞭解從獲取新客到回訪過程，使用者如何使用網站或應用程式。

5-1 獲客總覽

POINT!

- 可以掌握使用者的造訪情形和行為
- 可以了解新使用者人數或按廣告活動劃分的流量數值。

「獲客」報表是可以按流量來源分析使用者行為的報表。

■ 總覽

「獲客總覽」報表中包含多種指標，如使用者人數、過去 30 分鐘的使用者、新使用者人數（按最初招攬到使用者的預設管道群組劃分）、工作階段（按工作階段 Google Ads 廣告活動劃分）等等。

報表中預設顯示以下指標：

1. 使用者和新使用者人數
2. 過去 30 分鐘的使用者
3. 新使用者人數（按最初招攬到使用者的媒介劃分）
4. 工作階段（按工作階段預設管道群組劃分）
5. 工作階段（按工作階段 Google Ads 廣告活動劃分）
6. 生命週期價值

「獲客總覽」報表可以讓人一眼了解一段時間內的使用者數量、按媒介或廣告活動劃分的工作階段數等資料。

可以運用這份報表來大致瀏覽網站的使用情形。

• **「獲客總覽」報表**

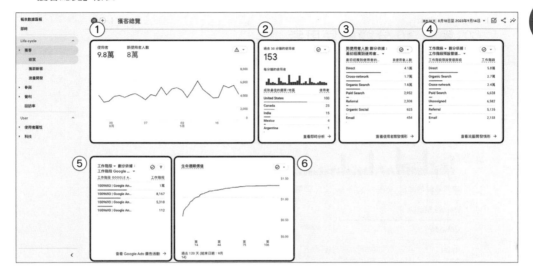

① 使用者和新使用者人數

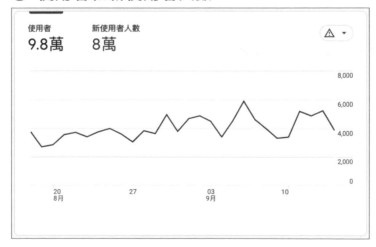

可以確認一段時間內的總使用者與新使用者人數之變化。

名稱	說明
使用者	指定時間範圍內的活躍使用者總數
新使用者人數	指定時間範圍內的新使用者總數

② 過去 30 分鐘的使用者

可以確認過去 30 分鐘內造訪的使用者之國家／地區。

③ 新使用者人數（按最初招攬到使用者的媒介劃分）

新使用者人數 劃分依據：
最初招攬到使用者...

最初招攬到使用者的...	新使用者人數
Direct	4.1萬
Cross-network	1.7萬
Organic Search	1.6萬
Paid Search	2,952
Referral	2,308
Organic Social	625
Email	454

查看使用者開發情形 →

這個資訊卡會按「媒介」分類，顯示從未造訪過網站或應用程式的使用者人數。系統會根據新使用者人數最多的媒介來排序資料，顯示前 7 大媒介。可以選取其他流量來源維度，例如「最初招攬到使用者的來源」和「最初招攬到使用者的來源／媒介」來評估。

新使用者人數的媒介分類說明

名稱	說明
organic	使用者透過自然搜尋結果中的非廣告連結到達網站／應用程式。
(none)	使用者透過不明來源到達網站（也就是「直接」流入）。
referral	使用者透過其他網站／應用程式（例如網誌、新聞網站）中的非廣告連結到達網站。
(not set)	無法取得資料的流量來源。
cpc	使用者透過搜尋引擎網站（例如 Bing、百度或 Google）上的廣告到達網站／應用程式。
affiliate	使用者透過聯盟網站上的連結到達網站／應用程式。
(data deleted)	資料被刪除的來源。
email	使用者透過電子郵件中的連結到達網站／應用程式。

※ 上述媒介名稱爲部分例子。

④ 工作階段（按工作階段預設管道群組劃分）

這個資訊卡會按「工作階段來源／媒介」分類對資料進行排序，顯示網站或應用程式中的新工作階段數量。可以選取「工作階段」右側的「▼」圖示，選擇「互動工作階段」維度。

⑤ 工作階段（按工作階段 Google Ads 廣告活動劃分）

這個資訊卡會按「Google Ads 廣告活動」分類，對設定了 utm_campaign 參數的數值進行統計與排序，顯示網站或應用程式中的新工作階段數量。

⑥ 生命週期價值

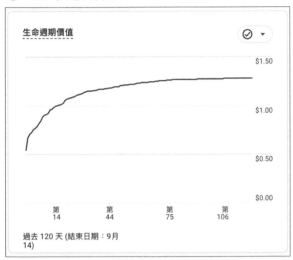

「生命週期價值」會顯示新使用者前 120 天內帶來的平均收益。可以運用這張圖表，根據額外產生的收益來判斷使用者的價值。

■ 獲取新客

• 「獲取新客」報表

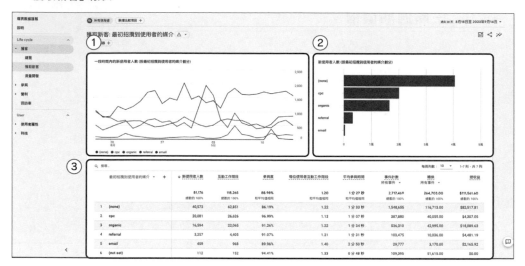

「獲取新客」報表包含媒介、使用者、參與度、事件計數、轉換等多種指標。預設畫面顯示①一段時間內的新使用者人數、②新使用者人數和③表格。

可以在這個報表中確認以下資料：

1. 一段時間內的新使用者人數（按最初招攬到使用者的媒介劃分）
2. 新使用者人數（按最初招攬到使用者的媒介劃分）
3. 最初招攬到使用者的媒介：包含新使用者人數、互動工作階段等各項指標

獲取新客報表可用於**確認使用者透過哪些來源或媒介造訪網站或應用程式**。適合分析新使用者首次找到網站或應用程式的管道。

① 一段時間內的新使用者人數（按最初招攬到使用者的媒介劃分）

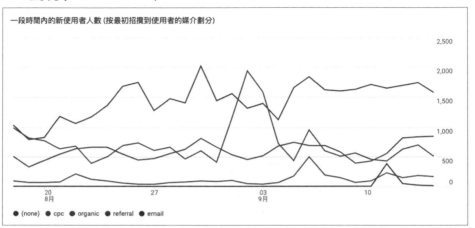

此圖表按「最初招攬到使用者的媒介」分類，顯示各媒介的新使用者人數。

② 新使用者人數（按最初招攬到使用者的媒介劃分）

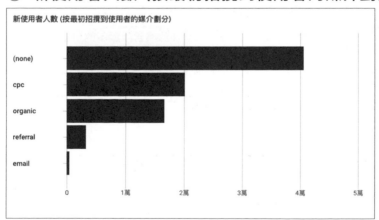

此圖表按「最初招攬到使用者的媒介」劃分，顯示指定時間範圍內的新使用者人數之變化趨勢。

③ 最初招攬到使用者的媒介：包含新使用者人數、互動工作階段等各項指標

最初招攬到使用者的媒介 ▼ +	新使用者人數 ▼	互動工作階段	參與度	每位使用者互動工作階段	平均參與時間	事件計數 所有事件 ▼	轉換 所有事件 ▼	總收益
	81,176 總數的 100%	118,265 總數的 100%	88.98% 和平均值相同	1.20 和平均值相同	1 分 27 秒 和平均值相同	2,717,469 總數的 100%	264,703.00 總數的 100%	$111,561.60 總數的 100%
1 (none)	40,573	62,851	86.19%	1.22	1 分 33 秒	1,548,655	116,713.00	$82,517.81
2 cpc	20,081	26,626	96.99%	1.13	1 分 07 秒	387,880	40,055.00	$4,307.05
3 organic	16,594	22,065	91.26%	1.22	1 分 34 秒	536,310	42,995.00	$18,089.63
4 referral	3,257	4,405	91.07%	1.21	1 分 31 秒	103,475	10,036.00	$4,481.19
5 email	459	968	89.96%	1.40	2 分 50 秒	29,777	3,170.00	$2,165.92
6 (not set)	112	152	94.41%	1.33	0 分 48 秒	109,395	51,615.00	$0.00
7 affiliate	100	122	93.13%	1.20	0 分 29 秒	1,977	119.00	$0.00

以「最初招攬到使用者的媒介」為維度，可以確認新使用者人數、參與度、事件計數、轉換等指標。

可供選擇的維度

維度	說明
最初招攬到使用者的媒介	為網站或應用程式獲取新客的方法。
最初招攬到使用者的來源	代表帶來流量的發布商或廣告空間來源。
最初招攬到使用者的來源／媒介	引導使用者到達網站或應用程式的來源和媒介。
最初招攬到使用者的廣告活動	促成轉換事件的促銷活動或行銷廣告活動名稱。
最初招攬到使用者的 Google Ads 廣告聯播網類型	促成轉換事件的廣告所顯示的位置（google.com、搜尋夥伴或多媒體廣告聯播網）。
最初招攬到使用者的 Google Ads 廣告群組名稱	促成轉換事件的廣告在 Google Ads 中的廣告群組名稱。

※ 採用「最終點擊」歸因模式顯示各維度最初招攬到使用者的方式。

報表中的指標

指標名稱	說明
新使用者人數	首次與網站互動或初次啟動應用程式（事件觸發：first_open）的人數。
互動工作階段	持續超過 10 秒、曾發生轉換事件，或包含 2 次以上畫面或網頁瀏覽的工作階段數。
參與度	互動工作階段的百分比（「互動工作階段」除以「工作階段」）。
每位使用者互動工作階段	每位使用者的互動工作階段數（互動工作階段／使用者）。
平均參與時間	應用程式在前景運作、或網站成為瀏覽器焦點的平均時間長度。

指標名稱	說明
事件計數	使用者觸發事件的次數。
轉換	使用者觸發轉換事件的次數。
總收益	來自購買、訂閱及廣告的收益總和（「購買收益」加上「訂閱收益」加上「廣告收益」）。 ※ 需要設定電子商務

用語　跨管道的最終點擊歸因模式

「歸因分析」是指將轉換功勞歸給不同的廣告、點擊，以及在使用者完成轉換的路徑中發生的其他因素。「歸因模式」可以是單一規則、一組規則或以數據為準的演算法，用來判定轉換路徑中的各個接觸點在促成轉換上占了多少功勞。

「最終點擊」歸因模式會將轉換功勞歸因給轉換路徑中最後被點擊的來源，這是 GA4「獲取新客」報表維度所採用的歸因模式。

■ 流量開發

• 「流量開發」報表

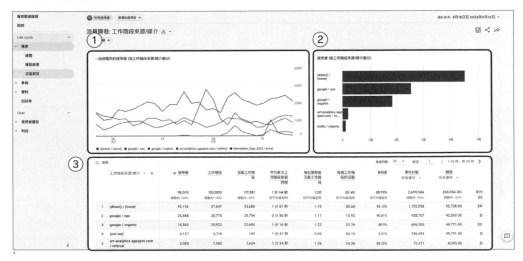

「流量開發」報表包含媒介、使用者、參與度、事件計數、轉換等多種指標。預設畫面顯示①一段時間內的新使用者人數（按工作階段來源／媒介劃分）、②使用者（按工作階段來源／媒介劃分）和③表格。

● 流量開發與獲取新客的差異

「獲取新客」報表以使用者為主軸，顯示新使用者數量，**「流量開發」報表則是以工作階段為主軸**，且會特別顯示新使用者和回訪者的來源。

可以在這個報表中確認以下資料：

1. 一段時間內的新使用者人數（按工作階段來源／媒介劃分）
2. 使用者（按工作階段來源／媒介劃分）
3. 工作階段來源／媒介：包含使用者人數、工作階段數等各項指標

「流量開發」報表提供跨管道流量來源維度，這是一組跨產品通用的維度，可協助深入瞭解自己開發使用者的方式。適用於評估廣告投放或促銷活動之成效。

① 一段時間內的新使用者人數（按工作階段來源／媒介劃分）

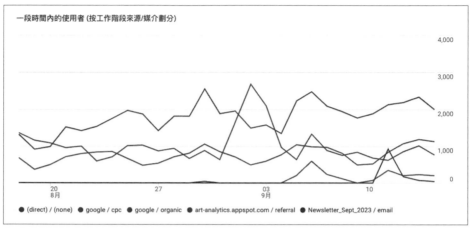

此圖表按「工作階段來源／媒介」劃分，顯示在一段時間內各來源／媒介的使用者人數之變化趨勢。縱軸的單位是工作階段數。

② 使用者（按工作階段來源／媒介劃分）

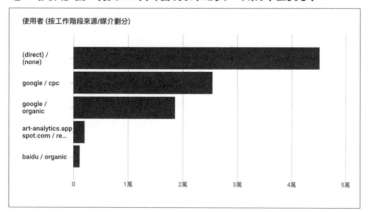

此圖表按「工作階段來源／媒介」劃分，顯示各來源／媒介的使用者數量。橫軸的單位是工作階段數。

③ 工作階段來源／媒介：包含使用者人數、工作階段數等各項指標

	工作階段來源/媒介	↓ 使用者	工作階段	互動工作階段	平均單次工作階段參與時間	每位使用者互動工作階段	每個工作階段的活動	參與度	事件計數 所有事件	轉換 所有事件	
		98,013 總數的 100%	132,000 總數的 100%	117,381 總數的 100%	1 分 04 秒 和平均值相同	1.20 和平均值相同	20.45 和平均值相同	88.93% 和平均值相同	2,699,346 總數的 100%	263,356.00 總數的 100%	\$111
1	(direct) / (none)	45,136	57,647	53,688	1 分 01 秒	1.19	20.68	93.13%	1,192,058	92,728.00	\$49
2	google / cpc	25,488	30,775	29,794	0 分 56 秒	1.17	13.93	96.81%	428,757	42,260.00	\$5
3	google / organic	18,543	25,522	22,690	1 分 16 秒	1.22	23.76	88.9%	606,300	46,771.00	\$31
4	(not set)	6,127	4,716	159	1 分 41 秒	0.03	50.15	3.37%	236,493	59,791.00	\$6
5	art-snalytics.appspot.com / referral	2,083	2,982	2,634	1 分 34 秒	1.26	24.30	88.33%	72,471	8,095.00	\$6
6	baidu / organic	1,194	1,234	1,210	0 分 10 秒	1.01	7.63	98.06%	9,416	1,185.00	
7	Newsletter_Sept_2023 / email	1,063	1,532	1,370	1 分 36 秒	1.29	25.64	89.43%	39,278	4,237.00	\$2
8	sites.google.com / referral	461	768	673	2 分 16 秒	1.46	31.14	87.63%	23,914	1,828.00	\$1
9	support.google.com / referral	415	548	511	1 分 11 秒	1.23	23.88	93.25%	13,088	904.00	
10	bing / organic	367	479	438	1 分 29 秒	1.19	28.31	91.44%	13,561	753.00	

以「工作階段來源／媒介」為維度，可以確認工作階段、參與度等相關指標。此表格可以切換不同維度。

可供選擇的維度

維度	說明
工作階段來源／媒介	與新工作階段相關聯的來源和媒介。
工作階段媒介	在新工作階段中獲客的方法，例如「自然搜尋」、「付費搜尋」。
工作階段來源	代表帶來流量的發布商或廣告空間來源，例如：「Google」、「YouTube」和「Gmail」。 舉例來說，透過 Google 搜尋回訪網站的使用者，在「工作階段來源」維度中會顯示為「google」。
工作階段廣告活動	在工作階段中促成轉換事件的促銷活動或行銷廣告活動名稱。可以設定為任意名稱的參數。
工作階段預設管道群組	管道分組是指按規則定義流量來源。 預設管道群組包括「直接」、「自然搜尋」、「付費社群活動」、「自然社群活動」和「電子郵件」。這是報表的預設維度。

報表中的指標

指標名稱	說明
使用者人數	曾造訪網站或應用程式的不重複使用者人數。
工作階段	在網站或應用程式上開始的工作階段數。
互動工作階段數	持續超過 10 秒、曾發生至少 1 次轉換事件或至少 2 次網頁或畫面瀏覽的工作階段數。
平均單次工作階段參與時間	在每次工作階段期間,網站成為使用者瀏覽器焦點的平均時間,或應用程式位於使用者裝置前景的平均時間。
每位使用者互動工作階段	每位使用者的平均互動工作階段數。
每個工作階段的活動	每個工作階段的活動數量
參與度	互動工作階段的工作階段百分比(「互動工作階段」除以「工作階段」)。
事件計數	使用者觸發事件的次數。
轉換	使用者觸發轉換事件的次數。
總收益	購買、應用程式內購、訂閱和廣告帶來的總收益。

第 **3** 天

5 生命週期

5-2 參與

POINT!

- 可以掌握 page_view、scroll 等事件的統計資料
- 確認哪些網頁擁有高瀏覽量

「參與」報表集合提供參與度資料，包括按事件、網頁與畫面劃分的統計資料。

滿足以下條件的工作階段會視為**「互動工作階段」**。

- 持續超過 10 秒、曾發生至少 1 次轉換事件或至少 2 次網頁或畫面瀏覽的工作階段數。

這些行為被視為**「使用者做出了對網站有益的行為」**，並計入參與度。

■ 參與狀況總覽

- **「參與狀況總覽」報表**

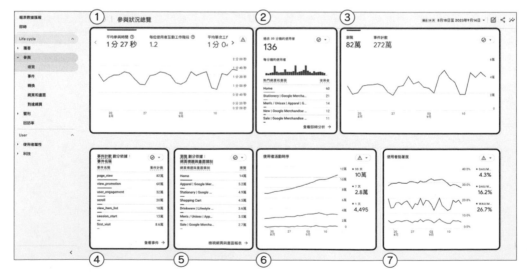

「參與總覽」報表報表提供以下資訊：

1. 以參與度為基礎的參與時間與工作階段數
2. 過去 30 分鐘的使用者
3. 瀏覽次數和事件計數
4. 事件計數（按事件名稱劃分）
5. 瀏覽次數（按網頁標題與畫面類別劃分）
6. 使用者活動時序
7. 使用者黏著度

「參與總覽」報表會以摘要方式顯示參與度資料，可以檢視一段時間內造訪的使用者在網站或應用程式所停留的時間、瀏覽了哪些網頁和畫面，觸發了多少個事件等等。

在需要大致掌握使用者行為時，可以運用這份報表。

① 以參與度為基礎的參與時間與工作階段數

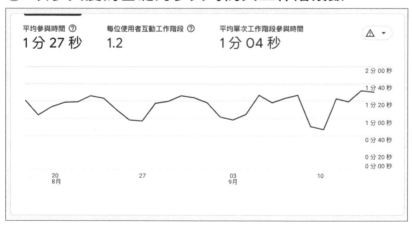

這份圖表提供「平均參與時間」、「每位使用者互動工作階段」與「平均單次工作階段參與時間」等資訊。

以參與度為基礎的趨勢變化

名稱	說明
平均參與時間	指定時間範圍內每位活躍使用者的平均參與時間。
每位使用者互動工作階段	指定時間範圍內每位活躍使用者的平均工作階段數。
平均單次工作階段參與時間	以單次工作階段而言，使用者在網站或應用程式中的參與時間。

② 過去 30 分鐘的使用者

此資訊卡會顯示過去 30 分鐘的使用者總數、這段期間每分鐘的使用者人數，以及使用者正在瀏覽哪些熱門網頁和畫面。

③ 瀏覽次數和事件計數

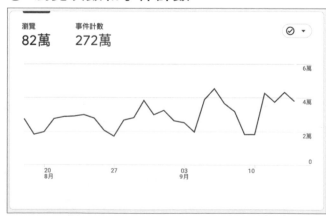

此資訊卡會顯示使用者看過的行動應用程式畫面或網頁數量（page_view）與
網站或應用程式收集到的事件次數。

④ 事件計數（按事件名稱劃分）

事件計數 劃分依據：
事件名稱

事件名稱	事件計數
page_view	82萬
view_promotion	60萬
user_engagement	32萬
scroll	20萬
view_item_list	18萬
session_start	13萬
first_visit	8.6萬

查看事件 →

此資訊卡以排序方式顯示使用者最常觸發的事件，以及各熱門事件的觸發
頻率。

⑤ 瀏覽次數（按網頁標題與畫面類別劃分）

瀏覽 劃分依據：
網頁標題與畫面類別

網頁標題與畫面類別	瀏覽
Home	14萬
Apparel	Google Mer...	5.2萬
Stationery	Google ...	4.9萬
Shopping Cart	4.5萬
Drinkware	Lifestyle ...	3.6萬
Men's / Unisex	App...	3.5萬
Sale	Google Mercha...	2.7萬

檢視網頁與畫面報表 →

此資訊卡會顯示使用者在指定時間範圍內瀏覽每個網頁或畫面的次數，並由高至低排序。

⑥ 使用者活動時序

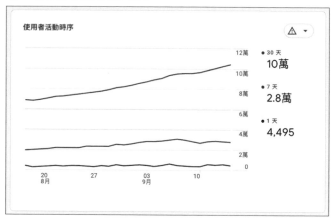

此資訊卡會顯示過去 30 天、7 天和 1 天使用過網站或應用程式的人數。圖表以資料收集最終日回推過去 30 天、7 天和 1 天為單位的不重複活躍使用者數量。

⑦ 使用者黏著度

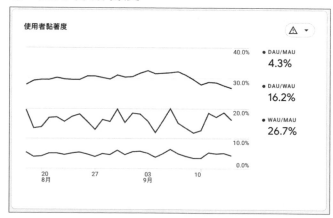

此資訊卡顯示使用者黏著度之趨勢。「使用者黏著度」比率根據每月、每週使用者的造訪頻率計算得出。DAU/MAU（每日活躍使用者數／每月活躍使用者數）等是判斷使用者黏著度的重要指標，可用於評估使用者與網站及應用程式互動的活躍程度。比率越高，表示參與度和使用者留存率越高。

使用者黏著度指標

名稱	說明
DAU/MAU	每日活躍使用者數／每月活躍使用者數
DAU/WAU	每日活躍使用者數／每週活躍使用者數
WAU/MAU	每週活躍使用者數／每月活躍使用者數

■ 事件

• 「事件」報表

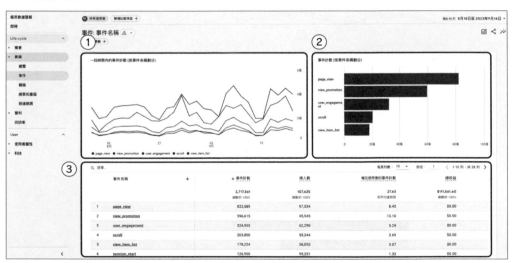

GA4 版本的資料收集方式是**將使用者對網站或應用程式所做出的種種行為視為一個個「事件」**。舉例來說，當使用者造訪網站時會觸發並計入「page_view」事件。這些統計資料可以在「事件」報表中檢視。**諸如「page_view」等事件會由系統自動收集**，無須額外設定。光是自動收集的事件就能提供許多關於使用者行為的實用資訊。如果想要獲得更加詳盡的資訊，還可以自行新增追蹤碼來收集其他事件。

第 **3** 天

5 生命週期

「事件」報表提供以下資訊：

1. 一段時間內的事件計數（按事件名稱劃分）
2. 事件計數（按事件名稱劃分）
3. 表格：事件維度與指標

① 一段時間內的事件計數（按事件名稱劃分）

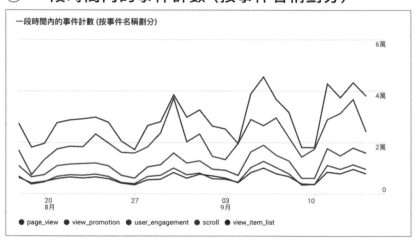

此資訊卡顯示前 5 大觸發事件之趨勢。

② 事件計數（按事件名稱劃分）

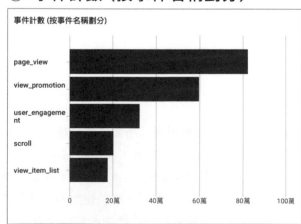

此資訊卡顯示按事件名稱劃分的前 5 大事件及數量。

③ 表格：事件維度與指標

	事件名稱 +	↓ 事件計數	總人數	每位使用者的事件計數	總收益
		2,717,561 總數的 100%	107,625 總數的 100%	27.63 和平均值相同	$111,561.60 總數的 100%
1	page_view	822,589	97,534	8.43	$0.00
2	view_promotion	596,615	45,545	13.10	$0.00
3	user_engagement	324,953	62,290	5.24	$0.00
4	scroll	203,800	55,244	3.69	$0.00
5	view_item_list	178,224	58,053	3.07	$0.00
6	session_start	126,950	95,251	1.33	$0.00
7	first_visit	85,647	86,251	0.99	$0.00
8	view_item	82,608	28,564	2.89	$0.00
9	new_recent_active_user	57,429	56,732	1.03	$0.00
10	predicted_top_spenders	54,491	34,994	23.66	$0.00

搜尋…　每頁列數：10　前往：1　1-10 列，共 28 列

● 事件名稱與各項指標

下列指標可以按事件名稱進行檢視。

表格中的指標

指標名稱	說明
事件計數	使用者觸發事件的次數。
總人數	觸發所有事件的不重複使用者 ID 數量。
每位使用者的事件計數	每位使用者觸發的平均事件數量。
總收益	購買、應用程式內購、訂閱和廣告帶來的總收益。

可以透過此表格掌握關於瀏覽、加入購物車等服務的整體概況。

此外，如要進一步瞭解特定事件，請按一下報表中的事件名稱。此時系統會開啟關於該事件的專屬報表，而報表所顯示的相關指標等資訊因事件而異。

舉例來說，點選維度中的「page_view」並開啟專屬報表，就能確認哪些網頁標題的參與度較高，按事件觸發次數多寡，對網頁 URL 進行排序等等。

這項功能類似於通用 Analytics（分析）中的「行為＞網站內容＞所有網頁」分析報表。

第3天
5 生命週期

■ 轉換

• 「轉換」報表

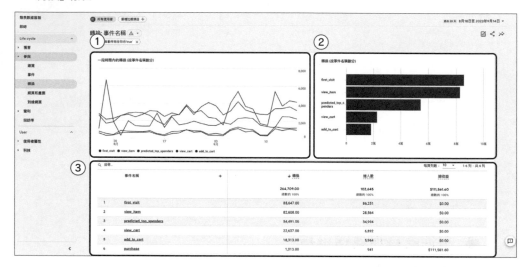

「轉換」報表顯示使用者觸發每個轉換事件的頻率，以及觸發每個轉換事件的使用者人數。「轉換事件」是被標示為轉換的事件，用於評估對業務成果至關重要的動作。

「轉換」報表提供以下資訊：

1. 一段時間內的轉換（按事件名稱劃分）
2. 轉換（按事件名稱劃分）
3. 表格：轉換維度與指標

① 一段時間內的轉換（按事件名稱劃分）

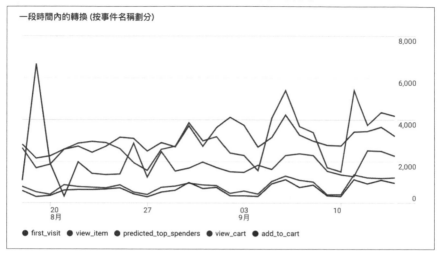

此資訊卡顯示一段時間內的前 5 大轉換事件。

② 轉換（按事件名稱劃分）

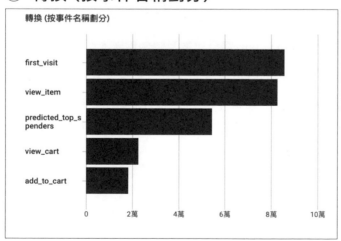

此資訊卡顯示按轉換事件名稱劃分的前 5 大事件及數量。

第
3
天

5
生
命
週
期

③ 表格：轉換維度與指標

	事件名稱		↓ 轉換	總人數	總收益
		+	264,709.00 總數的 100%	102,645 總數的 100%	$111,561.60 總數的 100%
1	first_visit		85,647.00	86,251	$0.00
2	view_item		82,608.00	28,564	$0.00
3	predicted_top_spenders		54,491.00	34,994	$0.00
4	view_cart		22,637.00	6,892	$0.00
5	add_to_cart		18,313.00	5,964	$0.00
6	purchase		1,013.00	941	$111,561.60

搜尋... 　　每頁列數：10 ▾ 　1-6 列，共 6 列

● 轉換名稱與各項指標

下列指標可以按事件名稱進行檢視。

表格中的指標

指標名稱	說明
轉換	使用者觸發轉換事件的次數。
總人數	觸發所有事件的不重複使用者 ID 數量。
總收益	購買、應用程式內購、訂閱和廣告帶來的總收益。

可以透過此表格掌握轉換事件的觸發次數及總使用者人數、總收益等資訊。

此外，如要進一步瞭解特定轉換事件，請按一下報表中的事件名稱。此時系統會開啟關於該轉換事件的專屬報表，而報表所顯示的相關指標等資訊因轉換事件而異。舉例來說，點選維度中的「purchase」並開啟專屬報表，就能確認觸發「purchase」轉換事件的來源。

■ 網頁和畫面

- 「網頁和畫面」報表

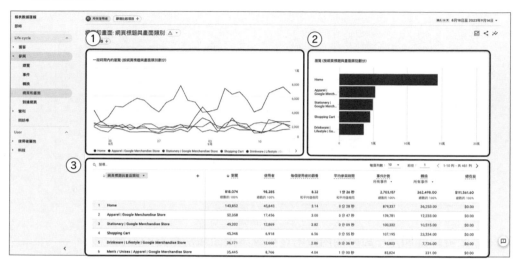

此報表會顯示使用者在網站上瀏覽的網頁和在行動應用程式上開啟的畫面相關資料。可以按「網頁標題與畫面類別」檢視一段時間內使用者在網站和應用程式上的行為概況。

「網頁和畫面」報表提供以下資訊：

1. 一段時間內的瀏覽（按網頁標題與畫面類別劃分）
2. 瀏覽（網頁標題與畫面類別）
3. 表格：按網頁標題與畫面類別劃分的各項指標

可以透過這份報表**確認網站中哪些網頁最常被瀏覽**。

① 一段時間內的瀏覽（按網頁標題與畫面類別劃分）

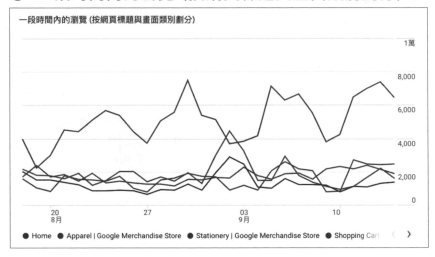

此折線圖顯示一段時間內按網頁標題與畫面類別劃分的瀏覽趨勢。

② 瀏覽（網頁標題與畫面類別）

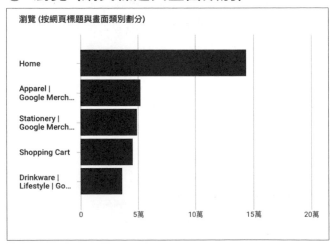

此圖表橫軸為瀏覽次數，縱軸為網頁標題與畫面類別，顯示最常被瀏覽的前5大內容。

③ 表格：按網頁標題與畫面類別劃分的各項指標

網頁標題與畫面類別	↓瀏覽	使用者	每個使用者的觀看	平均參與時間	事件計數 所有事件	轉換 所有事件	總收益
	818,074 總數的 100%	98,285 總數的 100%	8.32 和平均值相同	1分 26 秒 和平均值相同	2,703,157 總數的 100%	262,498.00 總數的 100%	$111,561.60 總數的 100%
1　Home	143,852	45,843	3.14	0 分 28 秒	879,337	36,253.00	$0.00
2　Apparel | Google Merchandise Store	52,358	17,456	3.00	0 分 47 秒	139,781	12,233.00	$0.00
3　Stationery | Google Merchandise Store	49,202	12,869	3.82	0 分 09 秒	100,332	10,515.00	$0.00
4　Shopping Cart	45,348	6,918	6.56	0 分 55 秒	107,195	23,334.00	$0.00
5　Drinkware | Lifestyle | Google Merchandise Store	36,171	12,660	2.86	0 分 36 秒	95,803	7,726.00	$0.00
6　Men's / Unisex | Apparel | Google Merchandise Store	35,445	8,766	4.04	1 分 00 秒	83,824	331.00	$0.00
7　Sale | Google Merchandise Store	26,771	7,432	3.60	0 分 48 秒	64,239	194.00	$0.00
8　(not set)	26,174	62,689	0.42	0 分 03 秒	273,472	55,396.00	$0.00
9　Store search results	17,660	4,158	4.25	0 分 30 秒	41,089	137.00	$0.00
10　New | Google Merchandise Store	17,569	5,482	3.20	0 分 52 秒	42,280	390.00	$0.00

此表格以「網頁標題與畫面類別」為維度，可以檢視各項指標。

可供選擇的維度與指標如下表：

表格中的維度

指標名稱	說明
網頁標題與畫面類別	網站的網頁標題和行動應用程式的畫面類別。
網頁路徑與畫面類別	網站網址中的網頁路徑，以及行動應用程式的畫面類別。
網頁標題與畫面名稱	網站的網頁標題和行動應用程式的畫面名稱。
網頁標題與畫面名稱	與網頁或畫面相關聯的自訂內容群組。

表格中的指標

指標名稱	說明
瀏覽	使用者瀏覽的應用程式畫面／網頁數量。重複瀏覽同一個網頁或畫面也會列入計算（screen_view + page_view 事件）。
使用者	各網頁或畫面的活躍使用者總數。
新使用者	首次造訪網站或開啟應用程式的網頁或畫面。
每個使用者的觀看	每位使用者的平均行動應用程式畫面或網頁觀看次數。
平均參與時間	網站成為使用者瀏覽器焦點的平均時間，或應用程式位於使用者裝置前景的平均時間。

第 **3** 天

5 生命週期

指標名稱	說明
不重複使用者的捲動數	捲動網頁至少 90% 篇幅的不重複使用者數量。
事件計數	使用者在網頁或畫面中觸發事件的次數。
轉換	使用者在網頁或畫面中觸發轉換事件的次數。
總收益	來自購買、訂閱及廣告的收益總和（「購買收益」加上「訂閱收益」加上「廣告收益」）。

5-3 營利

POINT!

- 了解電子商務的總收益與購買數量
- 確認各項目的統計資料

「營利」報表會顯示網站的收益資料，可以按電子商務購買、應用程式內購，以及發布商廣告等主題檢視報表。

■ 營利總覽

「營利總覽」報表會摘要列出收益資料，包括總收益、購買者總人數、每位使用者的平均購買收益等指標，有助於瞭解自己販售哪些產品、促銷活動和優待券是否能成功吸引新使用者，以及行動應用程式中顯示的廣告是否能帶來收益。

總覽報表提供以下資訊：

1. 各項收益之統計
2. 購買者人數
3. 每位使用者的平均購買收益
4. 購買的商品數（按商品名稱劃分）
5. 購買的商品數（按商品清單名稱劃分）
6. 在促銷活動中看過的商品數（按商品促銷活動名稱劃分）
7. 購買收益（按訂單優待券劃分）
8. 產品收益（按產品 ID 劃分）
9. 發布商廣告曝光次數（按廣告單元劃分）

• 「營利總覽」報表

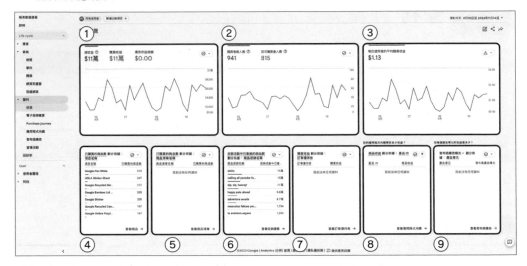

① 各項收益之統計

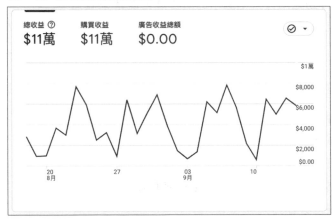

此資訊卡顯示**各項收益之統計數字及趨勢**。

總收益	來自購買、訂閱及廣告的收益總和。
購買收益	來自電子商務和應用程式內購的總收益。
廣告收益總額	顯示來自行動應用程式使用者的廣告收益總額。

② 購買者人數

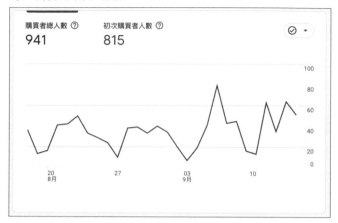

此資訊卡顯示**購買者總人數及初次購買者人數**。

購買者總人數	指定時間範圍內記錄到購買事件的使用者人數
初次購買者人數	初次完成購買事件的使用者人數。

③ 每位使用者的平均購買收益

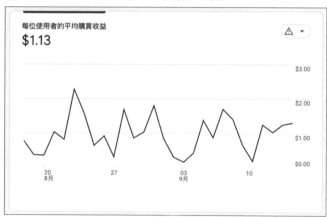

此資訊卡**按日期顯示每位使用者的購買交易所帶來的平均收益**。

④ 購買的商品數（按商品名稱劃分）

已購買的商品數 劃分依據：項目名稱	
項目名稱	已購買的商品數
Google Pen White	510
HOLA Sticker Sheet	347
Google Recycled Me...	212
Google Bamboo Lid ...	205
Google Sticker	200
Google Recycled Can...	197
Google Ombre Purpl...	167
	查看商品 →

此資訊卡會顯示買氣最旺的商品，以及購買次數。

⑤ 購買的商品數（按商品清單名稱劃分）

此資訊卡會顯示**購買次數最多商品的相關商品清單**，以及從清單中購買商品的次數（需要額外設定）。

⑥ 在促銷活動中看過的商品數（按商品促銷活動名稱劃分）

此資訊卡會顯示觀看次數最多商品的相關商品促銷活動，以及看到促銷活動推出後觀看商品的次數。

⑦ 購買收益（按訂單優待券劃分）

購買收益 劃分依據：訂單優待券		
訂單優待券	購買收益	
目前沒有任何資料		
	查看訂單優待券 →	

此資訊卡會顯示購物時最常使用的優待券，以及每張優待券**帶來的收益**。

第**3**天

5 生命週期

⑧ 產品收益（按產品 ID 劃分）

此資訊卡會顯示來自每次應用程式內購的收益（以產品 ID 表示）。這個表格會按照收益最高的應用程式內購來排序。

⑨ 發布商廣告曝光次數（按廣告單元劃分）

此資訊卡會顯示行動應用程式中放送的**廣告曝光次數**。

電子商務購買

「電子商務購買」報表會顯示在電子商務商店中銷售的產品或服務及收益等相關資訊。

• 「電子商務購買」報表

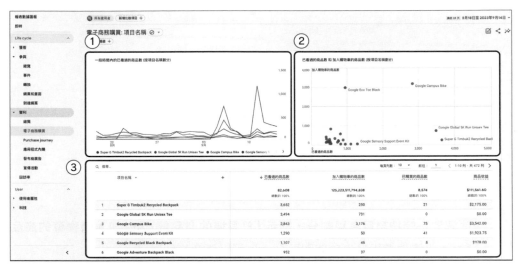

① 一段時間內的已看過的商品數（按項目名稱劃分）

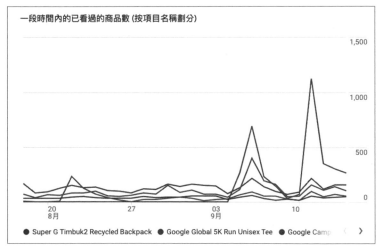

此折線圖按商品項目名稱**顯示一段時間內瀏覽量**最高的商品。

② 已看過的商品數和加入購物車的商品數（按項目名稱劃分）

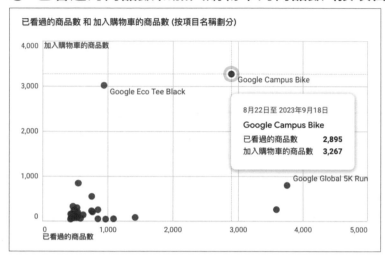

這個散布圖**按項目名稱劃分**，顯示「**已看過的商品數**」和「**加入購物車的商品數**」。將滑鼠游標懸停於個別藍點上，可以確認詳細數值。

③ 一覽

	項目名稱 ▼ +	↓ 已看過的商品數	加入購物車的商品數	已購買的商品數	商品收益
		82,608 總數的 100%	125,223,511,794,838 總數的 100%	8,574 總數的 100%	$111,561.60 總數的 100%
1	Super G Timbuk2 Recycled Backpack	3,652	250	21	$2,175.00
2	Google Global 5K Run Unisex Tee	3,494	731	0	$0.00
3	Google Campus Bike	2,843	3,176	75	$3,542.00
4	Google Sensory Support Event Kit	1,290	50	41	$1,923.75
5	Google Recycled Black Backpack	1,107	45	5	$378.00
6	Google Adventure Backpack Black	952	37	0	$0.00
7	Google Eco Tee Black	951	2,975	0	$0.00
8	Google Fill it Forward Bottle	894	256	27	$414.20
9	Google MiiR 20L Backpack	826	45	3	$322.40
10	Google Eco Tee White	818	571	113	$2,564.80

每頁列數：10 ▼ 前往：1 〈 1-10 列‧共 472 列 〉

可以按商品項目確認個別指標。表格中的指標如下：

表格中的指標

指標名稱	說明
已看過的商品數	消費者瀏覽的商品數量。
加入購物車的商品數	加入購物車的商品數量（例如 1、2、3）。
已購買的商品數	購買事件中單一商品的單位數。
商品收益	商品的總收益（不含稅金和運費）。

■ 應用程式內購

• **「應用程式內購」報表**

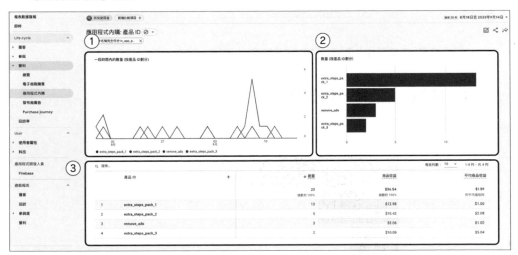

「應用程式內購」報表會顯示透過應用程式進行購買的相關資訊。

① 一段時間內的數量（按產品 ID 劃分）

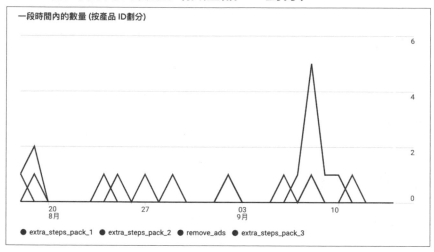

此折線圖按產品 ID 劃分，顯示購買數之變化趨勢。

② 數量（按產品 ID 劃分）

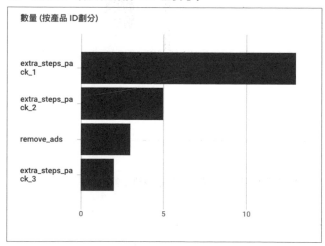

此橫條圖按產品 ID 劃分，顯示購買數量。

③ 一覽

產品 ID		↓ 數量	商品收益	平均商品收益
	+	23 總數的 100%	$36.54 總數的 100%	$1.59 和平均值相同
1	extra_steps_pack_1	13	$12.98	$1.00
2	extra_steps_pack_2	5	$10.42	$2.08
3	remove_ads	3	$3.06	$1.02
4	extra_steps_pack_3	2	$10.09	$5.04

每頁列數：10　1-4 列，共 4 列

搜尋..

可以按商品 ID 確認個別指標，例如數量、商品收益及平均商品收益。

第3天

5 生命週期

5-4 回訪率

POINT!

- 按同類群組確認使用者留存之變化趨勢
- 掌握回訪者的平均參與時間或生命週期價值

「回訪率」報表會摘要列出**網站或應用程式留住使用者的成效**。通用 Analytics（分析）重視使用者有多少次回訪，而 GA4 則是根據能夠留住多少使用者這一指標來蒐集資料。

- **「回訪率總覽」報表**

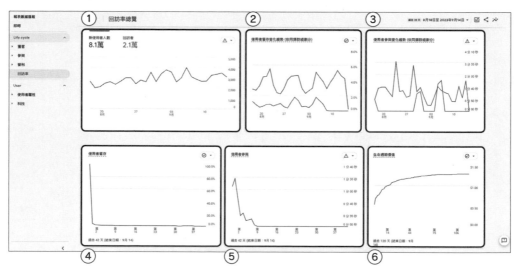

① 新使用者與回訪者

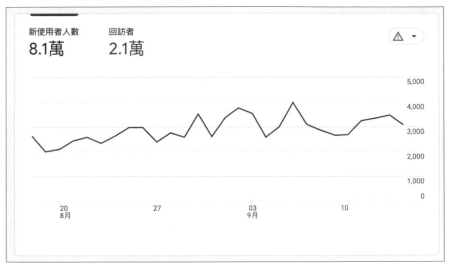

此資訊卡顯示**造訪網站或應用程式的新使用者人數與回訪者人數**，可看出兩者之變化趨勢。

② 使用者留存變化趨勢（依同類群組劃分）

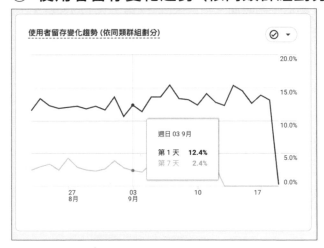

此資訊卡顯示**網站或應用程式招攬到使用者後的 1 天、7 天和 30 天內，使用者的平均停留時間**。舉例來說，「第 1 天」同類群組的折線表示，當日造訪的使用者中隔日回訪的人數百分比。

③ 使用者參與度變化趨勢（依同類群組劃分）

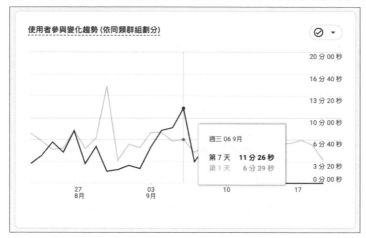

此圖表顯示**網站或應用程式招攬到新使用者的 1 天、7 天和 30 天內，在網站或應用程式上停留互動的平均時間**。舉例來說，「第 7 天」同類群組的折線表示，包含當日在內使用者在 7 天內的平均停留時間。

④ 使用者留存

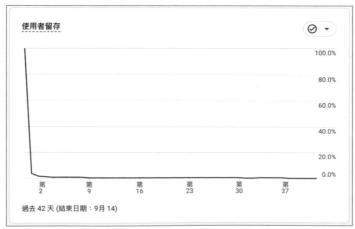

此圖表會顯示前 42 天內，**每天回訪的使用者百分比**。在所有使用者首次造訪（第 0 天）時，圖表上會以 100% 的使用者留存率起計。從流失使用者的第一天開始，留存率會隨之下降。

⑤ 使用者參與

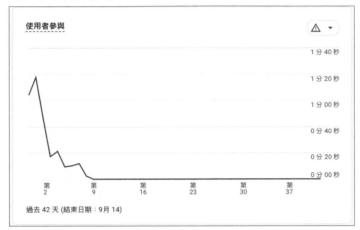

此圖表顯示前 42 天內回訪的使用者平均參與時間。平均參與時間只會將回訪者納入計算。

⑥ 生命週期價值

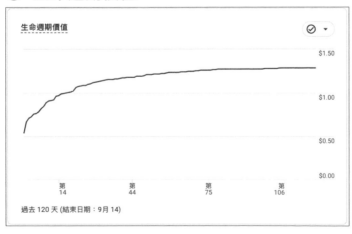

此圖表顯示新使用者前 120 天內帶來的平均收益。系統會計算每位新使用者在使用應用程式的最初 120 天內,購買事件及 AdMob 收益事件的總和。生命週期價值是所有使用者這項指標數據的平均值。

電子商務網站或媒體網站特別重視回訪者所帶來的收益。掌握關於回訪者的特徵,提升使用者留存率,能夠進一步刺激銷量。

6 媒體庫

運用報表媒體庫，即可管理及自訂 Google Analytics（分析）資源中「報表」部分的報表、報表集合和導覽面板。

6-1 媒體庫

> **POINT!**
> * 可自訂報表
> * 可設定報表集合，並顯示於導覽面板中
> * 將設為公開的報表集合分享給其他人

透過報表媒體庫，不僅可以自訂報表，還能將報表顯示於導覽面板中。學會使用 GA4 的預設報表之後，不妨也自己試著自訂報表吧。

■ 建立新報表

除了系統預設的「獲客總覽」和「獲取新客」等報表之外，還可以運用媒體庫自訂新的報表，包括**詳細報表和總覽報表**。

如欲使用媒體庫自訂報表，需要具備編輯者和管理員權限。

- 媒體庫（建立新報表）

在媒體庫介面中點選「建立新報表」，可以選擇建立「總覽報表」或「詳細報表」。

- 總覽報表

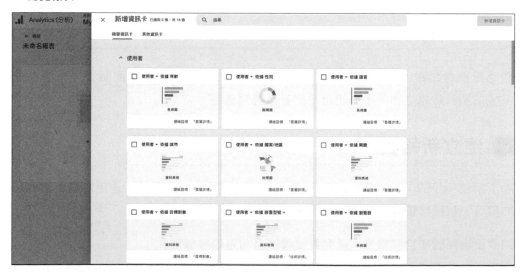

選取「建立總覽報表」，畫面將會跳出各式資訊卡，點選任一資訊卡，即可開始自訂總覽報表。

- **總覽報表實例**

上圖為自訂總覽報表的例子。如欲新增資訊卡，請在「自訂報表」選單下方點選「新增資訊卡」，一份總覽報表中最多可以新增 16 張資訊卡。如果想要刪除資訊卡，請點選「自訂報表」中該資訊卡名稱右側的「X」圖示。

最後點選「儲存」，並設定報表名稱。

- **自訂詳細報表**

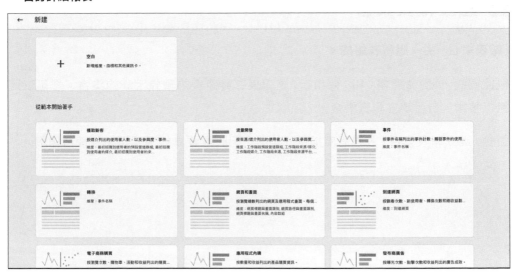

選取「自訂詳細報表」後，畫面會提供「空白」及「範本」兩種建立詳細報表的方式。

- 詳細報表實例

上圖為自訂詳細報表的例子。請在「自訂報表」選單下方點選設定維度與指標，並選擇資料呈現方式（①）。最後點選「儲存」，並設定報表名稱（②）。

■ 建立報表集合

「報表集合」由一組報表組成。

根據預設，「生命週期」和「使用者」是報表導覽面板中預先定義的集合。您可以運用媒體庫，自行建立報表集合。

由於「建立報表集合」為媒體庫提供的功能，因此需要具備編輯者和管理員權限。

- **媒體庫（建立報表集合）**

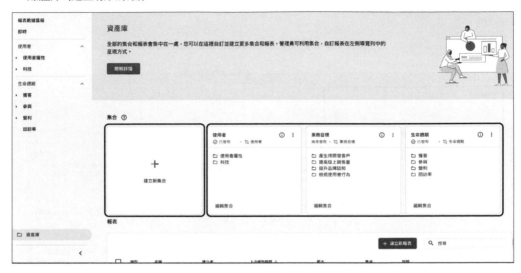

點選「建立新集合」（①）後，系統會跳轉至自訂集合頁面。在「建立新集合」左側的預設報表集合為之前建立的集合（②）。點選各集合中的「編輯集合」，即可對其進行編輯。

- **建立新集合**

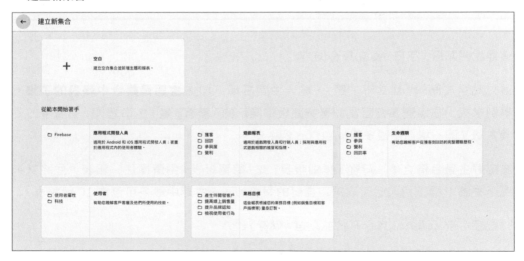

點選「建立新集合」後，畫面會提供「空白」及「範本」兩種建立報表集合的方式。

・（從「空白」開始）建立新集合

← 返回

自訂集合

未命名的集合　　　　尚未發布

主題和報表

⠿ Test　　　　　　　　　⊗

放置總覽報表

放置詳細報表

＋ 建立新主題

拖曳報表即可建立集合

🔍 搜尋報表

詳細報表　　　總覽報表

技術詳情
⠿ 按維度 (例如「瀏覽器」、「應用程式版本」、「作業系統版本」) 列出使用者人數，以及參與度、事件計數、轉換和收益相關（例如「互動工作階段」、收益）。

流量開發
⠿ 按來源/媒介列出的使用者人數，以及參與度、事件計數、轉換和收益相關指標。

⠿ 按來源/媒介列出的使用者人數，以及參與度、事件計數、轉換和收益相關指標。

獲取新客
⠿ 按媒介列出的使用者人數，以及參與度、事件計數、轉換和收益相關指標。

發布商廣告
⠿ 按曝光次數、點擊次數和收益列出的廣告成效。

⠿ **目標對象**

網頁和畫面
⠿ 按瀏覽總數列出的網頁及應用程式畫面、每個網頁/畫面的瀏覽人數、平均參與時間和捲動次數。

⠿ **轉換**

儲存

這裡說明點選「空白」建立集合的方式。

首先點選左側的「建立新主題」，輸入主題名稱（①）。**主題是集合中報表的子集。**舉例來說，在媒體庫介面左側導覽面板中顯示的「獲客」是「生命週期」集合中的一個主題。同一集合中最多可以包含 5 個主題。

設定好主題名稱之後，可從「詳細報表」或「總覽報表」中選擇任一報表，並將其拖曳至左側（②）。這時也可以選取自訂的報表。同一主題中最多可包含 10 份報表。

完成設定後，請為該集合命名並點選「儲存」（③）。

- **在導覽面板中顯示集合**

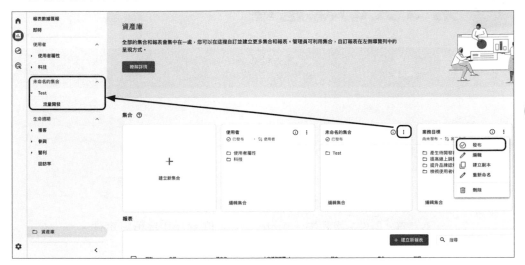

新建的集合目前為「尚未發布」狀態，請點選集合名稱右側的「⋮」圖示）（①），點選「發布」（②），集合將會顯示於左側的導覽面板（③）。

具備資源閱覽權限的人士可以檢視已發布的集合。

第 3 天的總整理

問 題

Q1

請選出錯誤敘述。

1. 「使用者屬性」報表可以看出使用者來自哪個城市。
2. 「流量開發」報表可以看出使用者的造訪來源。
3. 在「事件」報表中，page_view 和 scroll 是預設事件。
4. 「網頁和畫面」報表可以查看網頁跳出率。

Q2

地區或年齡等關於使用者的詳細資訊，可以在下列哪一個報表中查看？

1. 「使用者屬性」報表
2. 資料探索
3. 「網頁和畫面」報表
4. 「事件」報表

Q3

下列哪一個維度選項無法在「流量開發」報表中分析？

1. 來源／媒介
2. 來源
3. 廣告活動
4. 轉換

Q4　下列哪一個選項無法在「即時」總覽報表中檢視？

1.　過去 30 分內的使用者
2.　瀏覽次數
3.　工作階段數
4.　事件數

Q5　關於「即時」報表，請選出正確敘述。

1.　在「過去 30 分內的使用者」資訊卡可以檢視每 5 分鐘的使用者數量變化。
2.　在「過去 30 分內的使用者」資訊卡可以觀察「DESKTOP」、「MOBILE」和「TABLET」等使用者裝置類別的比例。
3.　瀏覽次數的資料只能透過應用程式的畫面名稱取得。
4.　「轉換」指使用者觸發的所有事件次數。

Q6　下列哪一個選項無法在「生命週期」報表中檢視？

1.　獲客
2.　參與
3.　行動
4.　營利

Q7　關於「參與」報表，請選出正確敘述。

1.　參與報表只能評估應用程式資料，無法評估網站資料。
2.　持續 3 秒以上的工作階段會被計入「互動工作階段」。
3.　參與的評估基準為「使用者做出了對網站有益」的行動。
4.　觸發了 2 次互動工作階段會被計為「轉換事件」。

Q8 關於「使用者屬性」報表，請選出錯誤敘述。

1. 在「客層詳情」報表中，可以選擇國家和語言等次要維度，比較來自日本和美國的使用者以英語為語言瀏覽網站的數量。

2. 啟用 Google 信號後，可以了解使用者屬性的年齡、性別和語言。

3. 在「客層詳情」報表中，可以查看不同年齡層的使用者數量，但不能查看不同年齡群體的轉換數。

4. 在「客層詳情」報表中，可以聯合比對性別和年齡資料，特別是可以比較從日本瀏覽的使用者數量與使用者總人數。

Q9 關於「科技」報表，請選出錯誤敘述。

1. 「使用者（劃分依據：平台）」資訊卡會顯示在資料串流中設定的平台。

2. 可以了解應用程式版本、使用者數量或參與、產生互動的使用者數量等資訊。

3. 在「技術詳情」報表中，可以了解行動裝置的瀏覽器之解析度，進而運用到 UI 設計中。

4. 在「裝置型號」中，不僅可以了解使用者的裝置是 iPhone 還是 Pixel 4，還可以知道使用了哪一個 iOS 或 Android 版本。

解 答

A1

4

「網頁和畫面」報表顯示使用者在網站上瀏覽的網頁和在行動應用程式上開啟的畫面相關資料,類似通用 Analytics(分析)的「行為>網站內容>所有網頁」報表。不過,GA4 並不採用「跳出率」,因此無法在包含「網頁和畫面」在內的所有 GA4 報表中查看此一指標。

A2

1

「使用者屬性」報表顯示使用者相關資料,包括按國家/地區、年齡、性別劃分的使用者人數或參與數、事件數以及轉換數。

A3

4

「流量開發」報表中可以設定「來源/媒介」、「媒介」、「來源」、「廣告活動」、「預設管道群組」等維度。而「轉換」是報表中的一項指標。

A4

3

「即時」總覽報表中的指標以使用者為主軸,無法確認關於工作階段的資訊。

A5　2

1. 在「過去 30 分內的使用者」資訊卡可以檢視每 1 分鐘的使用者數量變化。
2. 正解。
3. 還可以按「網站的網頁標題」確認其瀏覽次數。
4. 「轉換」是使用者觸發轉換事件的次數。

A6　3

「生命週期」報表集合中包含「獲客」、「參與」、「營利」和「回訪率」等主題。

A7　3

1. 可以評估應用程式以及網站資料。
2. 持續 10 秒以上的工作階段會被計入「互動工作階段」。
3. 參與的評估基準為「使用者做出了對網站有益」的行動。
4. 使用者觸發了 1 次互動工作階段會被計為「轉換事件」。

A8　2

即使不啟用 Google 信號，也能透過瀏覽器的語言設定了解使用者使用了哪種語言。如果啟用了 Google 信號，則 Google Analytics（分析）會針對已同意廣告個人化功能的使用者，收集相關額外資訊如使用者年齡、性別與興趣類別。

https://support.google.com/analytics/answer/9445345

A9

4

「裝置型號」可以區分 iPhone 或 Pixel 4 等裝置，但無法得知裝置的 iOS 或 Android 作業系統版本。

第4天

GA4 報表介面說明 2

第 4 天的學習內容

學習 GA4 的新版報表介面。第 4 天的內容
將介紹探索、廣告、設定與管理等功能。

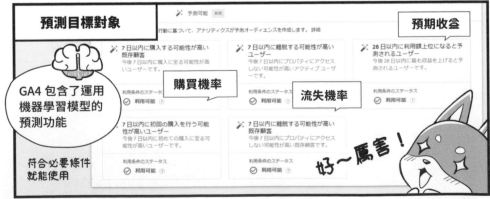

1 探索

「探索」是 GA4 中新增的一組進階技巧，能夠提供比標準報表更詳盡的資料，協助您進一步深入分析客戶行為與使用者洞察。

1-1 探索

POINT!

- 選擇「空白」探索來進行自訂分析
- 比起標準報表，資料探索的範本擁有更進階的分析與視覺化呈現。
- 在範本庫中可以按「技巧」、「用途」、「產業」來選擇適用範本。

■ 探索

在「探索」選單介面中，可以建立新的探索，與其他人共用，或是查看過去的探索等等。

- 探索

在「探索」頁面中，可以確認下列選項，以下分別說明各選項。

①　開始新的探索

②　類型

③　名稱

④　擁有者

⑤　上次修改日期

⑥　資源

⑦　搜尋

①　開始新的探索

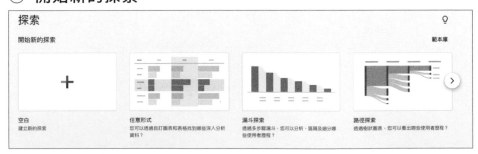

如果要建立新的探索，可以從「開始新的探索」區塊開始。選擇「空白」探索來建立自訂分析。

在「空白」右邊的「任意形式」或「漏斗探索」等是系統預先建立的分析範本。點選「＞」圖示，可查看更多範本。

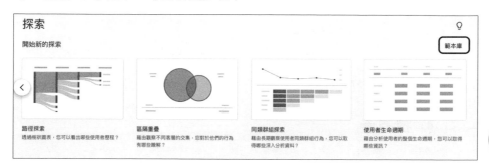

點選「範本庫」，可以在跳轉畫面中檢視所有範本。根據使用目的選擇適用範本，就能高效建立資料探索。

關於探索的建立方法，將於第 5 天與第 6 天內容中解說。

② 類型

類型	名稱 ↓	擁有者	上次修改日期 ↓	資源	Q
👤	Transaction IDs	Nicole Shen	下午1:02	GA4 - Google Merch Shop	⋮
👥	Predict top spenders - GA4 Training	Claudia Bertuccini	2023年8月31日	GA4 - Google Merch Shop	↗ 在新分頁中開啟
👥	Transaction IDs	Nikki Vinuya	2023年1月28日	GA4 - Google Merch Shop	👥 共用
👥	User lifetime Marc		2022年11月17日	GA4 - Google Merch Shop	複製
👥	Untitled exploration		2022年11月8日	GA4 - Google Merch Shop	✎ 重新命名
👥	marc test		2022年11月8日	GA4 - Google Merch Shop	🗑 刪除

（左側標示：未分享、共用）

「類型」表示是否共用分析報表，分為「共用」與「未分享」兩類，以不同的圖示表示。「共用」以複數的人型圖示表示，擁有對象資源權限的使用者即可查看。「未分享」則為單人圖示，表示該探索僅供自己查看。點選右側的「」圖示，可以設定或停止共用。

「類型」在預設情況下會同時顯示「全部」探索，包括「共用」與「未分享」，可以按一下「類型」，自行勾選欲顯示的探索類型。

③ 名稱

類型	名稱 ↓
👤	客層詳情: 國家/地區

「名稱」是指分析名稱。按一下「名稱」,可以對探索進行排序。

④ 擁有者

「擁有者」指建立探索的作者名稱。在預設狀態下會顯示「不限擁有者」的所有探索,可以按一下「擁有者」,設定顯示「我擁有的項目」或「非我擁有的項目」。

⑤ 上次修改日期

表示探索的最近一次修改日期。

⑥ 資源

按一下「資源」,可以選擇正在檢視的探索之資源。可以從「這個資源」與「任何資源」兩個選項中選擇,前者對象為目前檢視帳戶中的資源,後者對象則是包含其他帳戶之資源的資料探索。

⑦ 搜尋

類型	名稱 ↓	擁有者	上次修改日期 ↓	資源	🔍 搜尋 ✕
👤	客層詳情: 國家/地區	Nicole Shen	2023年9月11日	GA4 · Flood-It!	⋮

點選最右側的放大鏡圖示，可以對探索進行搜尋。輸入關於名稱或資源名稱的內容後，就能顯示相關探索。

■ 範本庫

在範本庫中，可以從「技巧」、「用途」和「產業」等 3 個項目中選擇適合的分析範本。在「技巧」中，除了「空白」探索之外，還包含「任意形式」、「漏斗探索」、「路徑探索」等具有特定目的的 7 種分析範本。

在「用途」中，可以根據具體的分析用途（例如獲客分析、轉換分析）來選擇範本，包含「獲客」、「轉換」、「使用者行為」等範本。在「產業」中，則是將特定產業中經常採用的分析技巧化為常用範本，可以從「電子商務」或「遊戲」兩者中選擇。

- **範本庫**

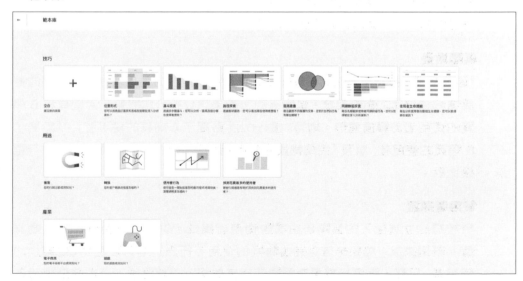

● 技巧

任意形式

在熟悉的聯列表版面配置中探索資料,是最基本的資料探索形式。如果覺得從「空白」開始建立報表的難度太高,不妨使用「任意形式」範本作為第一步。「任意形式」中可自由配置資料行與列,製作資料群組、區隔與篩選器,也可以套用多種圖表樣式,包括長條圖、圓餅圖、折線圖、散布圖和地理區域地圖。

漏斗探索

以視覺化方式呈現使用者在網站或應用程式上完成的工作步驟。這有助您瞭解如何提升使用者體驗,並找出成效高於或低於目標的客群。舉例來說,納入到達頁(Landing Page)、申請頁面、確認頁面等步驟,瞭解使用者完成或不完成各個步驟的情況,並根據資料來改善曾有消費者放棄或成效不佳的客戶流程。

路徑探索

以樹狀圖探索使用者歷程。可以按節點類型選擇「事件」、「網頁標題與畫面名稱」、「網頁標題與畫面類別」。舉例來說,可以透過路徑探索,分析使用者拜訪網站後,點閱商品 A 頁面,接著點閱商品 B 頁面的使用者數。

區隔重疊

「區隔重疊」技巧可用來比較最多 3 個使用者區隔,方便您快速查看區隔的重疊情形和彼此之間的關聯。舉例來說,如果想分析分別閱覽了 A 網頁和 B 網頁的使用者的轉換情形,則可以劃分出「點閱了 A 網頁的使用者」、「點閱了 B 網頁的使用者」以及「完成轉換的使用者」等 3 個使用者區隔,然後進行重疊比對。

使用者探索

檢視您建立或匯入的區隔是由哪些使用者構成,以及個別使用者的活動詳情。舉例來說,如果想確認完成轉換的使用者行為,則可設定「完成轉換的使用者」區隔,篩選出想要查看的使用者群組,然後再往下細查各個使用者活動。

同類群組探索

「同類群組探索」技巧根據共通特徵劃分使用者群組，可以了解這些使用者群組的行為變化情形。舉例來說，在電子商務網站中透過廣告路徑而初次造訪的使用者會被歸為同一個同類群組，可以按月份觀察訪客量及消費金額，判斷廣告投放的長期成效。

使用者生命週期

「使用者生命週期」技巧會顯示使用者（也就是您的網站或應用程式客戶）在生命週期內的行為，協助您發掘特定洞察資料。舉例來說，哪些來源、媒介和廣告活動能吸引生命週期收益最高的使用者；哪些獲客管道能夠最有效吸引到初次訪問的使用者等等。

● 用途

獲客

此「獲客」範本統整了按造訪路徑劃分的使用者之分析技巧。將網站資料按來源、媒介、廣告活動等造訪路徑進行劃分，可以瞭解使用者數與轉換數的變化情形。此外，使用者在網頁之間的點閱情形可按造訪路徑歸類為不同區隔，並以樹狀圖呈現。

轉換

此「轉換」範本統整了各事件或轉換的分析技巧。在「轉換」探索中，可以按裝置類別或性別等維度，對各轉換或事件的觸發數進行交叉分析，查看一段時間內的轉換次數，還可對轉換來源進行分析。

使用者行為

此範本統整的各種分析技巧，可用於分析使用者在抵達網站後的瀏覽行為。使用者在網站中觸發的事件（網頁點閱、點擊、捲動等）或頁面閱覽路徑，可以透過樹狀圖呈現並加以分析。

● 產業

電子商務

將電子商務產業中經常運用的分析技巧統整為一份範本，可以按造訪來源或媒介進行消費分析。

遊戲

將遊戲產業中經常運用的分析技巧統整為一份範本，可以按訪問來源或媒介進行獲客分析、高收益事件分析、新使用者留存、流失使用者行為等分析。

如上所示，「探索」提供了各式各樣的分析技巧，可以進階分析使用者的行為。在「第 5 天探索的基礎」和「第 6 天探索的應用」中會更詳細解說關於「探索」的深入內容。

2 廣告

在「廣告」頁面中，可以詳細分析轉換路徑，檢視廣告成效以及預算分配。

2-1 廣告數據匯報

POINT!

- 快速一覽轉換成效。
- 分析從造訪到完成轉換的使用者歷程。

■ 廣告快照提供的資訊

透過「廣告數據匯報」報表，可以快速一覽轉換情形，也能更明確掌握使用者歷程。**具體來說，可以透過比較兩種不同的歸因模式，來判定轉換路徑中的各個接觸點對促成銷售和轉換分別有多少功勞。**

如欲了解詳情，可以點選各摘要資訊卡右下方的「查看…」，檢視各報表。

需要注意的是，系統所顯示的資料為 2021 年 6 月 14 日之後所蒐集的資料。

- 廣告快照報表頁面

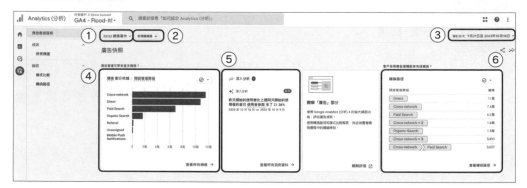

① 轉換事件

此為下拉式選單，可以選擇或篩選設定為轉換的事件。在預設狀態下，此報表會包含所有轉換事件。

② 篩選器

可以按年齡、裝置、廣告活動等各種維度對資料進行篩選與檢視。

③ 期間

可以指定日期範圍。不過，系統只能處理 2021 年 6 月 13 日之後的資料。

④ 哪些管道可帶來最多轉換？

可以確認在「預設管道群組」中能夠帶來最多轉換的管道。截至 2021 年 7 月，報表採用的轉換歸因模式為最終點擊模式。

⑤ 深入分析

當廣告資料出現任何顯著變動或新興趨勢，「深入分析」資訊卡也會通知您。點選各通知訊息，可以確認其詳細資訊。

⑥ 客戶採用哪些接觸點來完成轉換？

可以確認使用者在指定時間範圍內，採用了哪些轉換路徑來完成轉換的數值。

2-2 歸因

POINT!

- 在「模式比較」報表中，可判定轉換路徑中的各個接觸點對促成銷售和轉換分別有多少功勞。
- 在「轉換路徑」報表中，可按時間查看客戶轉換路徑中的前期接觸點、中期接觸點以及後期接觸點的轉換分配功勞。

■ 模式比較

針對促成轉換的管道或來源等路徑，**可以利用歸因分析來判定其轉換功勞**，例如最後點擊模式、最初點擊模式等。

掌握各個接觸點對促成轉換的情形，例如初次點擊較高的路徑或是最終點擊較高的路徑，有助於了解哪一個路徑能夠產生最多轉換功勞，進而**將這些觀察運用到獲客策略或廣告預算分配上**。

- **模式比較報表頁面**

① 轉換事件

此為下拉式選單，可以選擇或篩選設定為轉換的事件。根據預設，系統會選取所有轉換事件，並在報表中匯總這些事件。

② 報表時間

可以選擇轉換時間或互動時間，預設為「轉換時間」。

「轉換時間」會列出在指定時間範圍內發生轉換之前，也就是轉換回溯期內發生的所有接觸點，並顯示相關歸因功勞。「互動時間」則列出指定時間範圍內發生的所有接觸點，並顯示相關的歸因功勞。

③ 篩選器

可以按年齡、裝置、廣告活動等各種維度對資料進行篩選與檢視。

④ 期間

可以指定日期範圍。不過，系統只能處理 2021 年 6 月 13 日之後的資料。

⑤ 接觸點（流入路徑）

根據預設，系統會顯示「預設管道群組」維度，但可利用右側下拉式選單選擇「來源／媒介」、「來源」、「媒介」或「廣告活動」。

此外，點選右側的「+」圖示，還可以設定次要維度，例如「性別」、「年齡」、「裝置」等條件，進行更細部的分析。

⑥ 歸因模式的比較

使用下拉式選單，選擇要比較的歸因模式。截至 2021 年 7 月，目前可以選擇的歸因模式包含付費和自然管道的「最終點擊」、「最初點擊」、「線性」、「根據排序」、「時間衰減」，以及 Google 付費管道的「最終點擊」。

舉例來說，可以透過比較付費和自然管道的「最終點擊」與「最初點擊」模式，將達成銷售和轉換的功勞指定給轉換路徑中最早出現的接觸點。如果想在網站或應用程式中獲取更多的新客，可以進行這個歸因模式的比較 [1]。

※1 https://support.google.com/analytics/answer/1662518

■ 轉換路徑

透過「轉換路徑」報表，**可以瞭解客戶轉換路徑，以及不同歸因模式如何為這些路徑上的轉換分配功勞。**

「轉換路徑」報表分成「資料視覺化」和「資料表」兩個部分。

• **轉換路徑報表頁面**

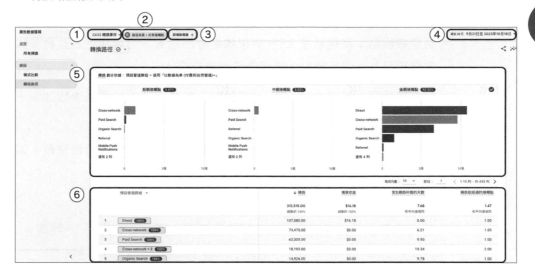

① 轉換事件

此為下拉式選單，可以選擇或篩選設定為轉換的事件。在預設狀態下，此報表會包含所有轉換事件。

② 路徑長度＝所有接觸點

此報表可顯示最多包含 50 個接觸點的所有路徑。按一下「路徑長度」，可以指定路徑長度的範圍。

③ 篩選器

可以按年齡、裝置、廣告活動等各種維度對資料進行篩選與檢視。

④ **期間**

可以指定日期範圍。不過,系統只能處理 2021 年 6 月 13 日之後的資料。

⑤ **資料視覺化區**

資料視覺化呈現可讓您迅速瞭解起始、輔助和完成轉換的管道。

資料視覺化將轉換路徑分為「前期接觸點」、「中期接觸點」和「後期接觸點」3 個區隔。可以透過下拉式選單選擇促成轉換的接觸點分佈以及欲使用的歸因模式。定義分別如下:

- 前期接觸點:路徑前段 25% 的接觸點會四捨五入至最接近的整數。如果路徑只有一個接觸點,這個區隔就會空白。

- 中期接觸點:路徑中段 50% 的接觸點。如果路徑的接觸點少於 3 個,這個區隔就會空白。

- 後期接觸點:路徑末段 25% 的接觸點會四捨五入至最接近的整數。如果路徑只有一個接觸點,這個區隔就會獲得所有轉換功勞。

⑥ **資料表格**

資料表格則會顯示使用者完成轉換前歷經的路徑,以及下列指標:「轉換」、「購買收益」、「發生轉換所需的天數」,以及「轉換前經過的接觸點」。

根據預設,報表會依照路徑包含的轉換次數排序(從轉換次數最多的路徑開始)。按一下其他指標旁邊的向下箭頭圖示,即可按該指標對資料進行排序。

3 設定

在「設定」頁面中可以建立事件或轉換、將使用者區隔運用到廣告
投放中，或是新增自訂維度或指標等等。DebugView 報表會顯示
Analytics（分析）即時向使用者收集的事件和使用者屬性。

3-1 事件

POINT!

- 在「事件」報表中，可以確認所有事件的資料收集結果。
- 啟用「加強型評估」功能，系統即可自動收集相關事件。

■ 自動收集的事件（網站）

我們在第 2 天學習到了 GA4 有「自動收集的事件」，以及使用者自行建立的「自訂
事件」。

在「事件」報表中，可以確認所有事件的資料收集結果。

• 事件建立頁面

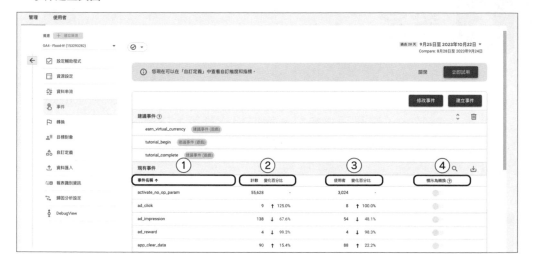

① 事件名稱

事件的名稱，如果新增自訂事件，則系統會顯示該自行定義的事件名稱。

② 計數／百分比

事件觸發次數。以 page_view 為例，可以由數值看出觸發了幾次 page_view 事件。

③ 使用者／變化百分比

觸發事件的使用者數量。關於變化百分比，是將目前期間與過去一段時期進行比較。

④ 標示為轉換

將切換按鈕設為開啟狀態，即可將事件標示為轉換。

自動收集的事件如下表所示：

事件名稱	觸發條件
click ※	每次使用者點按的連結會帶離目前網域時
first_visit	使用者初次瀏覽網站時
session_start	使用者造訪應用程式／網站顯示的第一個畫面或頁面時
file_download ※	當使用者點按的連結會連往下列類型檔案時： • 文件：pdf/ xlsx/ docx • 文字：txt/ rtf/ csv • 執行檔：exe/ key/ pp • 簡報：ppt • 壓縮檔：zip/ kg/ rar/ gz/ zip • 影片：avi/ mov/ mp4/ mpeg • 音訊：wmv/ midi/ mp3/ wav/ wma
page_view ※	每次網頁載入或有效網站變更了瀏覽紀錄狀態時
scroll ※	使用者在各個網頁上第一次瀏覽到網頁底部時（即可見的網頁垂直捲動深度達 90%）
video_complete ※	影片播放結束時 ※ 針對已啟用 JS API 支援功能的內嵌 YouTube 影片。
video_progress ※	影片播放進度超過時間長度的 10%、25%、50% 及 75% 時 ※ 針對已啟用 JS API 支援功能的內嵌 YouTube 影片。
video_start ※	影片開始播放時 ※ 針對已啟用 JS API 支援功能的內嵌 YouTube 影片。
view_search_results ※	每次使用者進行站內搜尋時（會出現網址查詢參數）

※ 在「管理＞資源＞資料串流＞網頁＞網頁串流詳情＞加強型評估」中啟用「加強型評估」功能收集的事件。

如果想要收集更精細的資料，則可以導入自訂事件（請參考第 2 天學習內容）。

自動收集事件與其參數一覽

事件名稱	包含參數
click	GA_SESSION_ID PAGE_LOCATION LINK_DOMIAIN PAGE_TITLE LINK_ID TERM CAMPAIGN LINK_URL GA_SESSION_NUMBER GCLID SOURCE LINK_CLASSES MEDIUM CONTENT ENGAGEMENT_TIME_MSEC PAGE_REFERRER OUTBOUND
first_visit session_start	GA_SESSION_ID PAGE_LOCATION PAGE_TITLE GA_SESSION_NUMBER PAGE_REFERRER
file_download	GA_SESSION_ID FILE_NAME PAGE_LOCATION PAGE_TITLE LINK_ID LINK_TEXT LINK_URL GA_SESSION_NUMBER FILE_EXTENSION ENGAGEMENT_TIME_MSEC PAGE_REFERRER

事件名稱	包含參數
page_view	GA_SESSION_ID PAGE_LOCATION DEBUG_MODE PAGE_TITLE TERM CAMPAIGN GA_SESSION_NUMBER GCLID SOURCE MEDIUM CONTENT PAGE_REFERRER
scroll	GA_SESSION_ID PAGE_LOCATION PERCENT_SCROLLED PAGE_TITLE TERM CAMPAIGN GA_SESSION_NUMBER SOURCE MEDIUM CONTENT ENGAGEMENT_TIME_MSEC PAGE_REFERRER
video_complete video_progress video_start	video_current_time video_duration video_percent video_provider video_title video_url、visible
view_search_results	GA_SESSION_ID PAGE_LOCATION PAGE_TITLE CAMPAIGN GA_SESSION_NUMBER SOURCE SEARCH_TERM MEDIUM ENGAGEMENT_TIME_MSEC PAGE_REFERRER

第4天

3 設定

自動收集的參數之說明

參數	說明
GA_SESSION_ID	在工作階段內觸發的事件工作階段 ID
PAGE_LOCATION	網頁網址
PAGE_TITLE	網頁標題
GA_SESSION_NUMBER	在工作階段內觸發的事件工作階段號碼，工作階段號碼會指出在目前工作階段之前，使用者已啟動的工作階段數（例如使用者在您網站上的第 1 個或第 5 個工作階段）。
PAGE_REFERRER	參照網址，也就是使用者先前所在的網址，可以是您網站的網域，也可以是其他網域。
DEBUG_MODE	在瀏覽器中啟用 Analytics（分析）的偵錯模式，根據自訂參數紀錄事件數與使用者數量。
PERCENT_SCROLLED	捲動比率（根據預設，系統只會收集捲動率達 90% 的 scroll 事件）
LINK_DOMAIN	出站連結或檔案下載的目標網域。
OUTBOUND	使用者按下出站連結時會記錄的參數。
LINK_ID	出站連結或檔案下載的 HTML id 屬性。
LINK_TEXT	出站連結所顯示的文字。
FILE_NAME	檔案下載的網頁路徑（例如「/menus/dinner-menu.pdf」）
FILE_EXTENSION	檔案下載的副檔名（例如「pdf」或「txt」）。
CAMPAIGN	網址所顯示的「campaign」參數（例如 spring_sale）。
LINK_URL	出站連結或檔案下載的完整網址。
GCLID	啟用自動標記後，每當使用者點按您的廣告並連到網站，系統就會在您的到達網頁網址尾端附上「gclid」參數，例如 www.example.com/?gclid=123xyz。
SOURCE	網址附上的「source」參數，例如 newsletter。
SEARCH_TERM	使用者在您網站或應用程式中搜尋字詞時會記錄的參數。
LINK_CLASSES	出站連結或檔案下載的 HTML class 屬性。舉例來說，如果使用者按下連結「<a class="center" href="www.youtube.com">」，這項維度就會傳回「center」。
TERM	網址附上的「term」參數，例如廣告關鍵字等。
MEDIUM	網址附上的「medium」參數，例如 organic、referral 等
CONTENT	網址附上的「content」參數，例如標示連結廣告素材的任何字串。
ENGAGEMENT_TIME_MSEC	從上一個事件到下一個事件所經過的時間（毫秒）

3-2 轉換

POINT!

- 在「轉換」報表中，可以檢視所有設定為轉換的事件。
- 在聯播網設定中，可以將轉換資料串連 Google Ads。

■ 轉換事件

在轉換設定頁面中，會顯示已啟用「設定為轉換」的事件。

- **設定轉換事件頁面**

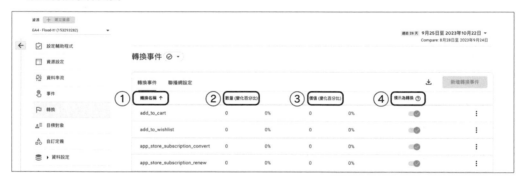

① **轉換名稱**

顯示已標示為轉換的事件。

② **數量（變化百分比）**

轉換事件觸發次數。以點擊確認按鈕為例，可以由數值看出按鈕點擊次數。

③ **值（變化百分比）**

可以設定轉換事件的價值。例如，如設定轉換事件的金額，則可以在此顯示總金額的值。

④ **標示為轉換**

將切換按鈕設為開啟狀態，即可將事件標示為轉換。

聯播網設定

「轉換」報表中的聯播網設定，可以串連 Google Ads 或應用程式並傳送轉換資料，評估廣告聯播網的成效。

- **聯播網設定分頁**

①　聯播網

顯示聯播網的圖示。

②　來源

顯示聯播網的來源。

③　應用程式

顯示應用程式封包的名稱。

④　聯播網參數

顯示在進行聯播網設定時，在「回傳」設定中所輸入的參數。

⑤　回傳轉換

可以確認已登錄的廣告聯播網之轉換數。

設定「回傳」後，系統會將轉換資料傳回指定的廣告聯播網。回傳有助於聯播網調整帶給您的流量：比方說，聯播網確知某個裝置已經下載了某應用程式，就不會再對這個裝置放送該應用程式的其他廣告。

3-3 目標對象

POINT!

- 根據不同的業務目標建立目標對象，就能依條件設定使用者區隔。
- 將 Analytics（分析）帳戶串連 Google Ads，就能在 Google Ads 的共用庫中顯示目標對象，並運用到廣告活動中。
- 將使用者納入建立好的目標對象，最多需要等待 24～48 小時。

■ 目標對象的建立方法

建立目標對象後，可以**根據業務目的劃分使用者，按照區隔來檢視使用者資料**。此處說明建立目標對象的方法。

對欲進行區隔的使用者之維度、指標、事件及條件等進行設定。在左側導覽面板的「設定」中選擇「目標對象」，然後選擇右上方的「目標對象」。

如為從頭開始，請選擇「建立自訂目標對象」。如果已經自訂相關條件，則可以從「使用參考資料」的「範本」開始，根據業務目標選擇合適選項。

- **建立目標對象頁面**

● 新增條件

選擇「建立自訂目標對象」後,點選「新增條件」,在欄位中指定要納入使用者的條件(維度、指標、事件)。

• **建立自訂目標對象>新增條件**

維度

維度是指**在分析資料時要使用何種切入視角**,例如以事件為範圍、以使用者屬性為範圍或是以時間為範圍等維度。

您可以為條件採用靜態或動態的維度評估方式。選取 [任何時間],則凡是符合條件的使用者就會納入名單(靜態評估)。如果未選取這個選項,則系統將以動態方式來評估要加入目標對象名單的使用者,也就是將符合條件的使用者加入,但當使用者不再符合條件時便將其移除。

指標

指標顯示**經過區隔後的結果數量或數值。**

設定條件時也可使用時間範圍指標,例如指明在使用者生命週期的任何時間點符合指標條件即可,或是在特定天數內必須符合條件(例如在任何 7 天內 > 5)。如想根據時間範圍(而非生命週期)計算,請選取「時間範圍」選項,在「__天」中輸入指定時間。

事件

指定時間範圍後，如果「所有時間」或「最近＿天內」的事件數超過指定數量時，則可以繼續對名單追加條件，比如使用「或」或「且」等條件。

● 新增條件範圍

跨所有工作階段

在使用者生命週期內必須符合所有條件。

在同一工作階段內

在同一個工作階段內必須滿足所有條件。

在同一事件內

在單一事件中必須符合所有條件。

- **指定條件範圍**

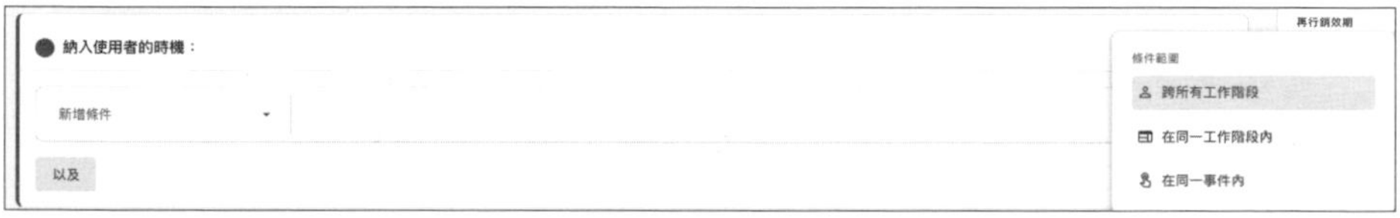

● 新增序列

透過「新增序列」，按特定順序符合條件的使用者加進名單。點選「新增步驟」，指定條件的順序，形成一整個序列。此外，還可以定義整個序列必須發生在哪個時間範圍內。

- 新增序列

● 再行銷效期

從系統將使用者加進目標對象名單當時算起，**預設為 30 天**，**最多可達 540 天**。

如果想讓再行銷效期盡可能久，比如使用 Google Analytics 或 Fire CLoud Messaging 等可設定更長天數的服務，則指定「設為上限」。

此外，如果啟用「目標對象觸發條件」，則可在使用者成為此目標對象成員時進行記錄。

- 再行銷效期

● 客層

除了自行建立目標對象之外，還可以從現有範本中選擇。設定方式是在選擇「建立新目標對象」頁面中「使用參考資料」的「範本」。舉例來說，「客層」是依客層資訊如年齡、性別劃分使用者目標對象。

• 客層

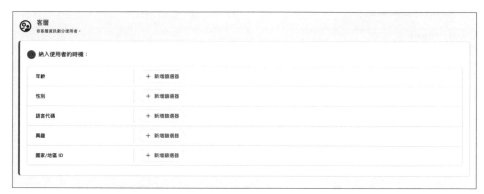

● 獲客

「獲客」是依獲客方法如廣告活動媒介或來源而劃分的目標對象。

• 獲客

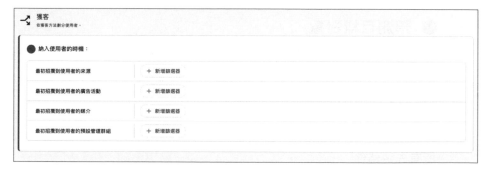

■ 預測目標對象

Google Analytic 4 導入了機器學習模型，並提供**預測使用者的購買機率、流失機率和預期收益**等功能。如果滿足後文敘述的條件，則在「使用參考資料」的「預測」部分中會顯示資格狀態為「可供預測」的項目。

• **預測目標對象頁面**

● 預測目標對象

「預測目標對象」是指**根據特定預測指標，符合至少一項條件的目標對象**。舉例來說，您可根據「未來 7 天內的潛在購買者」建立目標對象，將未來 7 天內可能購物的使用者納入指定範圍。

能否使用預測目標對象，取決於您是否可以使用基礎預測指標（即**必須符合所有先決條件**）。

● 預測指標的先決條件

如欲正確訓練預測模型，則必須滿足以下條件：

- 購買者和流失使用者的正面和負面實例須達人數下限。在過去 28 天內，觸發及未觸發相關預測條件（購買或流失）的回訪者必須在 7 天內分別達到至少 1,000 人。

- 為確保模型符合「購買機率」和「預期收益」指標的資格規定，資源必須傳送 purchase（建議收集）和／或 in_app_purchase（自動收集）事件。收集 purchase 事件時，您還必須為該事件收集 value 和 currency 參數。

- 系統會為每個活躍使用者產生各個合格模型的預測指標，頻率為每天一次。只要資源的模型品質未達最低門檻，Analytics（分析）就會停止更新對應的預測項目，而您可能就無法在 Analytics（分析）中使用這類預測指標。

- 您可前往目標對象建立工具，在建議目標對象範本中的「預測」部分查看每項預測的資格狀態。

第4天

3 設定

● 關於預測指標

購買機率

最近 28 天處於活躍狀態的使用者在未來 7 天內會完成特定轉換事件的機率。目前只支援 purchase、ecommerce_purchase、in_app_purchase 事件。

流失機率

最近 7 天在您的應用程式／網站上處於活躍狀態的使用者，未來 7 天內將不再是活躍使用者的機率。

預期收益

最近 28 天處於活躍狀態的使用者，在未來 28 天內所有購物轉換的預期收益。

● 運用預測目標對象

預測目標對象會直接與已連結至您資源的所有廣告帳戶共用。

● 再行銷目標對象

只差一點點就轉換的使用者比較容易受到廣告訊息影響,因而較有可能完成轉換。只要抓準時機,放送精心製作的後續再行銷廣告活動,搭配說服力十足的訊息,他們很可能就會立刻買單。

● 再參與式廣告活動

有一些是先前曾與您的商家有過互動,而現在對您產品╱服務的興趣逐漸下滑,因此可能流失的使用者;建議您再次接觸這群人,展現自家品牌優勢,並藉由提供特價優惠再次吸引客戶。

3-4 自訂定義

POINT!

- 建立自訂維度與自訂指標。
- 透過自訂定義的維度與指標，收集系統未自動收集的資料。

在 GA4 中，系統會預設使用您網站或應用程式中的自訂事件參數及使用者屬性，建立自訂維度和指標。只有從網站或應用程式傳送且由 Google Analytics（分析）收集的事件參數與使用者屬性，才能用來建立自訂維度和指標，可以在「自訂定義」頁面進行相關設定。

- **自訂定義頁面**

■ 自訂定義的建立方法

以下開始說明自訂維度與自訂指標的設定方法。

在「自訂定義」頁面中，選擇「自訂維度」或「自訂指標」，點選右上方的「建立自訂維度（自訂指標）」，然後填入必要項目。

第**4**天

- 自訂維度與自訂指標的設定頁面

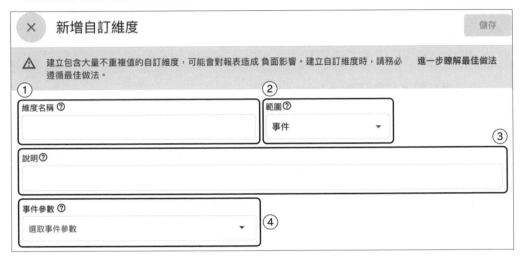

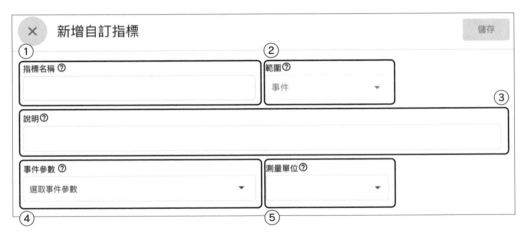

① 維度名稱（指標名稱）

報表中顯示的名稱必須清楚易懂。

② 範圍

用來指定要將自訂維度或指標套用至哪些資料。

事件範圍的值透過事件參數取得，使用者範圍的值則來自使用者屬性的資料。

維度和指標只能有一個範圍，且一經儲存就無法變更。

③ **說明**

用來識別自訂維度或指標的選填文字。

④ **事件參數**

自訂維度和指標值來自已記錄的事件參數和使用者屬性。從清單中選擇參數或屬性，或輸入未來要收集的參數或屬性名稱。

⑤ **測量單位**

為自訂指標選取相關測量單位。選項包含「標準」、「貨幣」、「距離」(英尺、英里、公尺、公里)、時間 (毫秒、秒、分鐘、小時)。

為了更清楚認識自訂維度與自訂指標如何運用，此處以有多位作者撰寫部落格文章的媒體網站為例進行說明。

• **自訂維度的設定範例**

| ✕ 新增自訂維度 | 儲存 |

⚠ 建立包含大量不重複值的自訂維度，可能會對報表造成 負面影響。建立自訂維度時，請務必   進一步瞭解最佳做法 遵循最佳做法。

維度名稱 ⑦   範圍 ⑦

author   事件 ▼

說明 ⑦

部落格文章的撰寫者

事件參數 ⑦

author ▼

如果想要評估哪位作者所撰寫的文章擁有最高的閱覽量、是否帶來轉換等等，可以在自訂維度中設定作者名稱，掌握各作者筆下文章的流量表現。

第 **4** 天

3 設定

• 自訂指標的設定範例

× 新增自訂指標		儲存

指標名稱 ⑦　　　　　　　　　　　**範圍** ⑦

intensive_page_view　　　　　　　事件　　　　　▼

說明 ⑦

網頁捲動率達90%以上，或是停留時間超過1分鐘

事件參數 ⑦　　　　　　　　　　**測量單位** ⑦

intensive_page_view　　　▼　　　標準　　　　　▼

除了計算每篇文章的點閱次數，如果想評估「使用者是否讀完整篇文章」，那麼可以在「說明」欄位輸入定義：「網頁捲動率達 90% 以上，或是停留時間超過 1 分鐘」，設定「完整閱覽數」這個自訂指標。

想要完成這類設定，需要搭配使用 Google 代碼工具或 gtag 代碼，透過本書熟悉 GA 的基本操作內容後，作為下一個挑戰，不妨試試看設定自訂維度和自訂指標。

▓ 限制事項

在「以事件為範圍」的情況下，每資源最多可以建立 50 個自訂維度與 50 個自訂指標。在「以使用者為範圍」的情況下，同一個名稱最多可建立 25 個自訂維度（區分大小寫）。

點選「配額資訊」，可以查看自訂維度與自訂指標的數量。

即使在 GA4 的管理頁面中完成設定，並不代表就能取得新的資料，而是可能需要在其他地方進行額外設定，因此請務必確認系統是否開始正確收集資料。

此外，套用自訂指標評估的資料，無法顯示於資訊主頁中，只能在「資料探索」頁面中檢視。

- **配額資訊**

 配額資訊

自訂維度

以使用者為範圍
已建立 0 個，共有 25 個

以事件為範圍
已建立 1 個，共有 50 個

以商品為範圍
已建立 0 個，共有 10 個

自訂指標

以事件為範圍
已建立 1 個，共有 50 個

計算指標

已建立 0 個，共有 5 個

第
4
天

3
設
定

3-5 DebugView

POINT!

- 在 Analytics（分析）收集網站或行動應用程式的事件時即時監控事件。
- 根據 GTM 的預覽模式或 Google Amalytics Debuuger 來確認 DebugView 的運作情形。

透過 DebugView 即時監控事件

GA4 中以 page_view 或 scroll 等事件單位收集使用者行為資料，需要等待一段時間才能顯示於「事件」頁面中。這時，可以利用 DebugView 來即時監控事件，**驗證設定的事件是否正確收集資料**。

不過，需要注意的是，您必須**啟用偵錯模式才能使用 DebugView**，本節會介紹兩種使用方式。

- **DebugView 頁面**

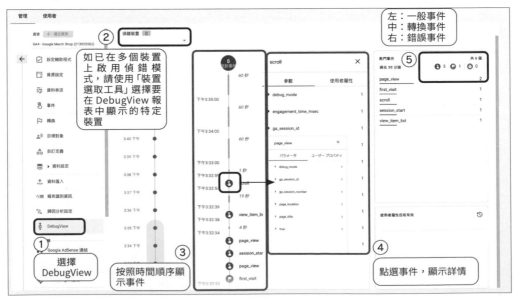

● 使用方法 1 GTM（Google 代碼管理工具）預覽模式

Google 代碼管理工具的預覽模式是使用 DeugView 的方法之一。透過預覽模式對網頁

啟用預覽及偵錯模式後，到 GA4 點選「設定＞ DebugView」分頁，就能啟用 DebugView，確認事件是否被正確收集。

・ 確認 'debug_mode' 欄位

● 使用方法 2 Google Analytic Debugger

Google Analytic Debugger 是 Google Chrome 瀏覽器的擴充程式，可以確認 Google Analytics 的運行狀況或進行偵錯。安裝 Google Analytic Debugger 後，只要啟用偵錯模式，就能開始使用 DebugView。

- **Google Analytic Debugger 的安裝頁面**

https://chrome.google.com/webstore/detail/google-analytics-debugger/jnkmfdileelhofjcijamephohjechhna

● 與即時報表的區別

DebugView 通常供網頁及應用程式開發人員使用，它與 GA4 的「即時」報表有何不同？最大的區別在於，DebugView 只能測量開發環境中處於偵錯模式的瀏覽器資料，而「即時」報表可以測量瀏覽器的所有資料，無論是生產狀態或開發模式。**換句話說，DebugView 不會混淆非必要的資料，因此它的優點是可以更輕鬆地驗證事件測量。**

此外，「即時」報表會顯示過去 30 分鐘內的使用者活動，但如果開啟偵錯模式，則 DebugView 報表會顯示比過去 30 分鐘更長的時間段內的使用者活動。DebugView 也是唯一提供「偵錯裝置」選單的報表，供您選擇要查看的裝置。

4 管理

在「管理」資訊主頁中，可以對欲測量的網站進行相關設定、連結 Google Ads、BigQuery 等外部工具。

4-1 管理總覽

POINT!

- 可設定或變更帳戶、資源，設定 Google Ads 或 BigQuery 連結。
- 檢視資源變更紀錄，方便多位人員運用及管理 GA4 資源。

- 管理頁面

在「管理」頁面中，可以設定或變更帳戶、資源，設定 Google Ads 或 BigQuery 連結。如有多位使用者管理同一個 GA4 資源，則可在「資源變更紀錄」中輕鬆查看誰在何時對資源做出哪些調整或設定。下一節開始逐一說明「管理」頁面的各項設定功能。

4-2 帳戶

POINT!

- 在帳戶設定頁面中，可以變更帳戶名稱或商家所在國家／地區。
- 與 Google 分享在 Google Analytics（分析）中收集到的資料，可以讓 Google 技術支援代表在必要時提供服務並尋求技術問題的解決方法。

第**4**天

4 管理

■ 帳戶設定

在「帳戶設定」中，可以變更帳戶名稱或商家所在國家／地區。此外，還可以在此控制您與其他 Google 產品和服務共用 Analytics（分析）帳戶資料的方式，各設定詳情如下一頁。

- **帳戶設定頁面**

● Google 產品和服務

啟用這項設定，可讓 Google 進一步瞭解使用者行為和預期模式，進而開發各種有利於客戶的產品功能，例如針對客戶用來建立、管理及分析廣告活動的 Google Ads 系統工具進行改善。

● 根據輸入內容和業務洞察資料建立模型

提供匿名評估資料，系統就能啟用預測、模擬資料和基準化等功能，為您提供更豐富的業務洞察資料。

● 技術支援

啟用這項設定，允許 Google 技術支援代表在必要時存取您的 Google Analytics（分析）資料，以提供服務並尋求技術問題的解決方法。

● 帳戶專家

啟用這項設定，允許 Google 銷售團隊存取您的 Google Analytics（分析）資料和帳戶，以便協助您發揮 Google Analytics（分析）帳戶的最大效益，例如協助改善設定與分析作業，並提供 Google Analytics（分析）和其他 Google 產品的洞察資料、最佳化提示和建議。

■ 帳戶存取管理

您可以在「帳戶」層級新增及管理使用者。當您在帳戶層級新增使用者時，他們的權限將繼承到「資源」層級。因此，如果您想要為帳戶中的所有資源新增使用者權限，可以透過在帳戶層級新增使用者來一次性授予權限。

● 新增使用者的方法

1. 點選「帳戶存取管理」

2. 點選右上角「+」圖示，然後點選「新增使用者」

3. 輸入 Google 電子郵件地址，設定角色和資料限制

共有 5 種角色和 2 種資料限制可指派：

角色	說明
管理員	可完全控管帳戶，可管理使用者（新增／刪除使用者、指派任何角色或資料限制）。只要是您擁有此角色的任何帳戶或資源，您都可以將其完整權限授予任何使用者（包括您自己）。
編輯者	可完全控管資源層級設定，但無法管理使用者。
行銷人員	可編輯帳戶的目標對象、轉換、歸因模式、回溯期和事件，且包含「分析人員」角色。
分析人員	可建立及編輯帳戶的資訊主頁和備註等共用資產，且包含「檢視者」角色。
檢視者	可進行的操作包括查看設定和資料、更改在報表中顯示的資料（例如新增比較項目或次要維度），以及透過使用者介面或 API 查看共用資產。無法協作共用資產。舉例來說，具備「檢視者」角色的使用者，可以檢視共用探索資料，但無法進行編輯。

資料限制	說明
無費用指標	無法查看費用相關指標。 費用指標不適用於報表、探索、目標對象、深入分析和快訊。
無收益指標	無法查看收益相關指標。 收益指標不適用於報表、探索、目標對象、深入分析和快訊。

4. 點選右上方的「新增」按鈕,完成新增使用者。

使用者的角色權限高低按「管理員＞編輯者＞行銷人員＞分析人員＞檢視者」的順序由高至低排序。請為使用者指派適當的角色權限。

🔘 帳戶變更紀錄

「帳戶變更紀錄」是帳戶變更的紀錄,可以在此確認變更日期或變更者的 Googl 帳戶。針對個別變更項目,按一下該資料列最右側的「ⅰ」圖示即可查看其他詳細資料。

- **帳戶變更紀錄頁面**

第 **4** 天

4 管理

■ 垃圾桶

「垃圾桶」內含已標記為待刪除的帳戶、資源和資料檢視。**這些項目會在「垃圾桶」中保留 35 天，這段時間內仍可復原，之後就會永久刪除。**

4-3 資源

POINT!

- 對資源進行各項設定或變更,或是新增使用者。
- 啟用 Google 信號,找出 Google 帳戶允許廣告個人化的使用者,並存取他們的匯總資料。
- 設定資料保留期限(2 個月或 14 個月)。資料保留設定會影響探索報表,無法選擇超過期限的資料。

■ 設定輔助程式

在「設定輔助程式」,您可以總覽各項設定與功能,透過點選各項目按鈕來跳轉至相關設定頁面,協助您完成 Google Analytics(分析)4 資源的設定程序。

- **設定輔助程式頁面**

■ 資源設定

• 資源設定頁面

資源設定頁面中，對用以收集網站資料的 GA4 資源進行設定與配置，各設定項目如下：

● 資源名稱

在 GA4 中用以管理網站的名稱。**一般而言，每項資源通常代表一個特定網站或行動應用程式，為每項資源命名為清楚易懂、方便管理的名稱**。舉例來說，同一家公司如果同時經營 3 個網站，則帳戶名為公司名稱，並分別建立 3 項資源來代表各個網站。

● 產業類別

指定網站的產業類別。

● 報表時區

設定報表的標準時區。

● 貨幣

設定貨幣單位。這是在計算轉換單價或統計金額時會使用到的貨幣單位。

■ 資源存取權管理

透過「資源存取權管理」，在資源層級新增或管理使用者。

新增使用者的方式與帳戶存取管理相同，點選「資源存取管理」後，按一下右上方的「＋」圖示以新增使用者。

■ 資料串流

• 資料串流頁面

資料串流是從您的網站或應用程式流向 Analytics（分析）的資料流。GA4 不僅可以評估網站的資料流，還可以計算 iOS 和 Android 應用程式的資料流。點選「新增串流」，然後選擇「網站」、「iOS 應用程式」或「Android 應用程式」來設定資料串流。

按一下串流名稱，可以查看有關該資料串流的詳細資訊。

以下為資料串流詳情。

資料設定

• 資料設定頁面（資料收集分頁）

在「資料設定」頁面，您可以調整資料收集的相關設定。以下說明各項設定。

● 資料收集

啟用「Google 信號資料收集」

啟用 Google 信號，找出 Google 帳戶允許廣告個人化的使用者

Google 信號是指來自網站和應用程式的工作階段資料，Google 會將這類資料與已登入 Google 帳戶並開啟廣告個人化功能的使用者建立關聯。在一般情況下，來自不同裝置的造訪會被視為「新使用者」，但**當您選擇啟用 Google 信號之後，可以識別同一位使用者，進而提高分析的準確性**（前提是使用者登入 Google 帳戶並同意連結這類資訊以供廣告個人化作業之用）。

允許廣告個人化的進階設定

啟用廣告個人化功能後，您便可**將 Google Analytics（分析）目標對象和轉換匯出到已連結的 Google Ads 帳戶，以便為使用者提供相關且個人化的體驗**。

使用者資料收集確認聲明

針對收集和處理使用者資料作業提供必要的隱私揭露聲明並取得使用者授權。

● 資料保留

在「使用者和事件資料保留」中為「事件資料保留」選取所需的保留期限（2個月或 14 個月）。系統將會根據所設定的期限保留使用者資料。儘管資料保留設定不會影響 Google Analytics（分析）4 資源中的標準報表，但是會影響第 5 天將會介紹的「探索」報表，使得**探索報表無法選擇超過資料保留期限（例如 3 個月之前）的資料**。

如果啟用「發生新活動時重設使用者資料」，每當使用者產生新事件時，該事件的使用者識別碼保留期限都將重設（因此，到期日就是當下的時間加上保留期限）。舉例來說，如果資料保留期限為 14 個月，但使用者每個月都會開始新的工作階段，因此他們的識別碼每個月都會更新，也就不會到達 14 個月的期限。如果在保留期限到達之前，使用者都沒有再產生新工作階段，他們的資料就會在到期時遭到刪除。

● 資料篩選器

資料篩選器可讓您加入或排除 Google Analytics（分析）處理的傳入事件資料。排除來自公司內部的 IP 位址、製作公司或廣告代理商等相關人員的存取資料，只留下必要的存取資料，進而提供分析的準確性。您可以定義下列兩種類型的資料篩選器：

開發人員流量

篩除值為「debug_mode」或「deug_event」的存取資料。

內部流量

篩除「traffic_type」參數的值為「internal」的存取資料。

■ 資料匯入

您可使用「資料匯入」功能上傳取自外部來源的資料，再與 Analytics（分析）資料合併，高效進行資料匯總與分析。

舉例來說，將您的客戶關係管理資料與 GA4 資料合併彙整，有助於更全面地掌握業務整體情況。

您所使用的每個業務系統都會產生專屬資料。比方說，您的客戶關係管理系統可能含有客戶忠誠度、效期價值和產品偏好等資訊。要是您是網路發布商，內容管理系統裡可能儲存了作者和文章類別等維度，若您經營電子商務，則或許會儲存價格、樣式和尺寸等項目屬性。

您可以匯入的資料類型包含「費用資料」、「項目資料」、「依使用者 ID 的使用者資料」、「依客戶 ID 的使用者資料」以及「離線事件資料」。

資料類型	說明
費用資料	您可以透過「費用資料匯入」功能，匯入非 Google 廣告活動產生的資料。Analytics（分析）會彙整該資料與收益及轉換資料，並計算每個廣告活動、來源和媒介的指標（例如 ROAS）。以 CSV 檔案上傳一項或多項有關費用、點擊次數、投放次數和參數（廣告活動、來源、媒體）的資料，以便您比較所有廣告計劃的成效資料。
項目資料	「項目資料匯入」功能可將整個產品目錄匯入，方便您使用各項目專屬的資料（如尺寸、顏色、樣式以及切合業務需求的各種項目維度），評估使用者行為、網站流量、收益和轉換次數。 以 CSV 檔案上傳將「項目 ID (item-id)」維度作為鍵的項目資料。例如，服飾品牌可以透過匯入服裝顏色來查看產品按顏色的銷售排名。

資料類型	說明
使用者資料（依使用者 ID／客戶 ID）	您可以將儲存在外部的使用者中繼資料（例如客戶關係管理系統中的忠誠度、上次購物日期和顧客終身價值）匯入 Analytics（分析），藉此提升使用者分眾和再行銷目標對象的品質。 在 Analytics（分析）中儲存使用者 ID 的方法有兩種：(1) 使用「User-ID」維度，或是 (2) 使用以使用者為範圍且包含使用者屬性的自訂維度來擷取使用者 ID（例如 Client-ID 或 App_Instance_ID），無論採用何種方法，都需要以 CSV 格式上傳檔案。 舉例來說，您可以匯入使用者回訪次數與最後購買日等資料，建立「最近未購買的回訪者」區隔，並將該區隔加入再行銷目標對象清單中。
離線事件資料	您可以從沒有網路連線，或是無法透過 SDK 或 Measurement Protocol 支援即時收集事件的來源匯入離線事件。上傳事件後，系統會將事件視為透過 Google 的 SDK 收集，並使用您提供的時間戳記或上傳的時間戳記（如未自行提供）進行處理。若要移除這項資料，則必須刪除使用者或資料。

- **資料匯入頁面**

點選「資料匯入」，然後按一下「建立資料來源」按鈕。

• 資料來源建立頁面

點選「建立資料來源」後，系統會顯示此畫面，輸入資料來源名稱，選擇資料類型，然後上傳 CSV 檔案。

■ 報表識別資訊

在「報表識別資訊」分頁中決定 Google Analytics（分析）如何評估各種裝置和平台的使用者。Analytics 會根據您選擇收集的識別資訊空間，以及您透過下列選項提供的識別資訊空間，判定報表識別資訊。目前提供的識別方法有以下 3 種：

識別方法	說明
混和	視情況依序使用 User-ID、Google 信號、裝置 ID 和模擬功能。此選項會先收集使用 User-ID，如未收集到任何 User-ID，Analytics（分析）便會採用可用 Google 信號收集到的資訊。要是沒有 User-ID，也沒有 Google 信號資訊，Analytics（分析）會使用裝置 ID。萬一沒有任何可用的 ID，Analytics（分析）就會採用模擬功能。
觀察	視情況依序使用 User-ID、Google 信號和裝置 ID。此選項會先收集使用 User-ID，如未收集到任何 User-ID，Analytics（分析）便會採用可用 Google 信號收集到的資訊。要是沒有 User-ID，也沒有 Google 信號資訊，Analytics（分析）會使用裝置 ID。
依據裝置	只使用裝置 ID，並且忽略所有收集到的其他 ID。

■ 歸因分析設定

● 報表歸因模式

在「報表歸因模式」部分，選取您欲在 Analytics（分析）資源內報表中計算轉換功勞時要使用的歸因模式，分別有「付費與自然管道」及「Google 付費管道」兩種模式。

歸因模式名稱	說明
最終點擊付費與自然管道	視情況依序使用 User-ID、Google 信號、裝置 ID 和模擬功能。此選項會先收集使用 User-ID，如未收集到任何 User-ID，Analytics（分析）便會採用可用 Google 信號收集到的資訊。要是沒有 User-ID，也沒有 Google 信號資訊，Analytics（分析）會使用裝置 ID。萬一沒有任何可用的 ID，Analytics（分析）就會採用模擬功能。
最終點擊 Google 付費管道	只使用裝置 ID，並且忽略所有收集到的其他 ID。

請注意，變更歸因模式會影響歷來和未來資料。這些變更會影響轉換和收益資料，受影響的報表包含「轉換詳情」報表和「探索」。即使報表歸因模式有所變更，使用者和工作階段資料則不受影響。系統預設的歸因模式為「最終點擊付費與自然管道」模式。

● 轉換回溯期

在使用者與您的廣告互動後數天或數週，可能才會發生轉換。「轉換回溯期」代表要往回追溯的天數，系統會根據這項設定，將功勞歸因給指定期間內的接觸點。舉例來說，如果將轉換回溯期設為 30 天，則 1 月 30 日發生的轉換只會歸因於 1 月 1 日到 30 日之間出現的接觸點。

您可以為以下事件設定轉換回溯期：

- **獲客轉換事件（first_open 和 first_visit）**的轉換回溯期預設為 30 天。您可根據自己的其他歸因需求，將轉換回溯期改為 7 天。

- **所有其他轉換事件**的轉換回溯期預設為 90 天，您也可以選擇 30 天或 60 天。

第 **4** 天

4 管理

■ 資源變更紀錄

您可以在此查看資源的變更紀錄，檢視資源於何時、由誰做出了什麼樣的變更。在「變更者」欄位可以檢視由誰對資源做出變更，方便在與多位人員共用的情況下運用及管理 GA4 資源。

■ 資料刪除要求

GA4 禁止取得使用者的個人識別資訊。例如，您想要刪除透過參數收集到的電子郵件地址，就能透過提出「資料刪除要求」來刪除該資料。可供刪除的項目有以下 5 項：

- 刪除所有事件中的所有參數
- 刪除所選事件中的所有已註冊參數
- 刪除所有事件中的所選參數
- 刪除所選事件中的所選參數
- 刪除所選使用者屬性

選取「開始日期」和「結束日期」後，選取要刪除的資料類型，然後提交資料刪除要求。在要求提交後並不會馬上刪除資料，而是進入寬限期，在這段時間內可在「要求詳情」頁面中取消要求。

第
4
天

4
管
理

4-4 連結 Google Ads

POINT!

- 在 GA4 的分析報表中運用 Google Ads 資料。
- 可建立再行銷廣告目標對象清單。

將 Google Ads 帳戶連結到 Analytics（分析）資源，讓原先只能在 Google Ads 管理頁面中查看的資料顯示於 GA4 報表中，並且可供分析。**此外，透過匯入轉換，將轉換資料傳遞到 Google Ads，用於在 Google Ads 中設定出價，或是靈活運用 GA4 的分析資料，在廣告活動或廣告群組中建立再行銷目標對象清單。**

● 連結 Google Ads

- 連結 Google Ads 設定頁面

① 點選「Google Ads 連結」。

② 點選「選擇 Google Ads 帳戶」，然後連結至同一帳戶所管理的 Google Ads 帳戶。

③ 在「調整設定」中，啟用個人化廣告的選項預設為開啟。

④ 最後按一下「審查並提交」，連結帳戶與目前的設定。

- **Google Ads 連結確認頁面**

在「Google Ads 連結」頁面中，如顯示目前已連結的 Google Ads 帳戶，表示已成功建立連結。

「Google Ads 連結」是完整運用 GA4 和 Google Ads 的關鍵功能，在使用 Google Ads 時務必要進行設定。

設定 BigQuery 連結

- **BigQuery 連結設定頁面**

這是「BigQuery 連結設定」頁面。關於 BigQuery 的更多資訊，請見第 7 日內容。

Analytics（分析）情報快訊搜尋紀錄

• 其他設定（Analytics（分析）情報快訊搜尋紀錄）頁面

可以在此處確認搜尋紀錄、分析情報快訊及近期瀏覽資料，Analytics（分析）情報快訊會根據搜尋紀錄來改善搜尋和建議。

第 4 天的總整理

問　題

Q1

以下關於事件的敘述，何者為誤？

1. 例如瀏覽次數、檔案下載量等事件，可以啟用「加強型評估」功能，讓系統自動收集相關事件。
2. 事件可包含多個參數，而參數也可以導向多個事件。
3. 在事件報表（生命週期＞參與）中可以確認的事件詳情頁面中，每個事件都會顯示相同的項目。
4. 可以自行定義的事件與參數分別被稱為自訂事件和自訂參數。

Q2

以下關於轉換的敘述，何者為誤？

1. 轉換報表會顯示所有事件。
2. 在 GA4 中，最多可設定 30 個轉換事件。
3. 在 GA4 中，可以將資源連結 Google Ads 或應用程式，以此傳送轉換資料。
4. 在轉換報表（生命週期＞參與）中可以確認的轉換事件詳情中，可以透過篩選目標對象來顯示資料。

Q3

以下關於探索的敘述，何者為誤？

1. 運用資料探索，可以執行比標準報表更進階的分析並獲得新的洞察。
2. 範本庫是為資料探索預先準備好的範本。
3. 僅供您正在查看的資源所建立的分析使用。
4. 選擇不同的探索方法，建立符合您目標的資料探索報表。

Q4

以下關於範本庫的敘述,何者為誤?

1. 「任意形式」是一種以交叉統計表格顯示的基本報表。

2. 「漏斗探索」可以讓您看到使用者隨著時間推移透過回訪和復購所帶來的累積價值。

3. 「路徑探索」可讓您以樹狀圖查看使用者的造訪路徑。

4. 「獲客」範本統整了按造訪路徑劃分的使用者之分析技巧。

Q5

以下關於目標對象的敘述,請選出正確選項。

1. 只有當目標對象在使用者生命週期內符合所有條件,才會納入自訂目標對象。

2. 將使用者納為目標對象的期限最長為 90 天。

3. 運用目標對象範本,可以根據您的目標有效率地建立目標對象。

4. 透過建立目標對象,您可以自動將其運用於 Google Ads 廣告活動。

Q6

以下關於預測目標對象的敘述,何者為誤?

1. 預測目標對象適用於所有 GA4 資源。

2. 使用預測模型必須滿足預測指標的前提。

3. 您建立的預測目標對象可運用到已連結的 Google Ads 帳戶。

4. 可以透過建立預測目標對象,預測您的應用程式或網站上可能流失的使用者。

Q7

以下關於資料收集的敘述，何者為誤？

1. 啟用 Google 信號，即使使用者從不同的裝置或瀏覽器造訪，也可以識別並計算為同一位使用者。
2. 允許最佳化廣告，有助於對特定使用者進行再行銷廣告。
3. GA4 測量的目標對象和轉換等資訊可以匯出，並與 Google Ads 共用。
4. 導入 GA4 版本後不再需要在隱私權政策中取得使用者同意。

Q8

以下關於連結 Google Ads 的敘述，何者為誤？

1. 連結 Google Ads 後，就能透過 GA4 管理畫面投放廣告。
2. 來自 Google Ads 的資料可以顯示於 GA4 分析報表中。
3. 您可以建立再行銷廣告目標對象清單。
4. 轉換資料可以傳遞到 Google Ads 以協助調整廣告活動。

解 答

A1　3

1. 正確。
2. 正確。
3. 錯誤。在各事件詳情頁面中，會顯示每個事件包含的所有不同參數之資訊。
4. 正確。

A2　1

1. 錯誤。轉換報表只會顯示勾選了「設定為轉換事件」的事件。
2. 正確。
3. 正確。
4. 正確。

A3　3

1. 正確。
2. 正確。
3. 錯誤。按一下「資源」，然後選擇「任何資源」，顯示包含其他帳戶之資源的資料探索。
4. 正確。

A4 2

1. 正確。
2. 錯誤。「使用者生命週期」技巧顯示使用者（也就是您的網站或應用程式客戶）在生命週期內的行為，協助您發掘特定洞察資料。「漏斗探索」是以視覺化方式呈現使用者在網站或應用程式上完成的工作步驟。
3. 正確。
4. 正確。

A5 3

1. 錯誤。可以指定 3 種不同條件，例如按「所有工作階段」(使用者生命週期)、「單一工作階段」或「單一事件」來納入目標對象。
2. 錯誤。納為目標對象的期限最長為 540 天。
3. 正確。透過使用範本，您可以透過設定適合您目的的維度值來輕鬆建立目標對象，無須從頭開始設定。
4. 錯誤。將您的 Google Analytics（分析）帳戶連結 Google Ads，您的目標對象將出現在您的 Google Ads 共用庫中，並可在廣告活動中使用。

A6　1

1. 錯誤。想要使用預測功能，必須累積預測指標之資料，且滿足以下 3 項條件：
   - 資源必須傳送 purchase 和／或 in_app_purchase 事件。
   - 觸發及未觸發相關預測條件（購買或流失）的使用者必須在 7 天內分別達到至少 1,000 人。
   - 購買者與流失使用者的最低樣本數在一定時間內必須達到最低門檻。
2. 正確。想要運用預測模型，必須滿足「預測指標的先決條件」。
3. 正確。預測目標對象可與已連結的 Google Ads 帳戶共用並用於廣告投放。
4. 正確。除了流失機率外，還可以預測購買機率及預測收益。

A7　4

1. 正確。
2. 正確。
3. 正確。
4. 錯誤。在導入 GA4 對資料進行收集時，先決條件是在隱私權政策中取得使用者同意。

A8　1

1. 錯誤。即使連結了 Google Ads 帳戶，並不表示可以完全使用 Google Ads 的所有功能，廣告投放或變更仍須在 Google Ads 管理頁面中進行。
2. 正確。
3. 正確。
4. 正確。

第5天

探索的基礎

第 5 天的學習內容

說明探索的目的、功能、設定方法等基礎
知識，認識探索的各項技巧。

1 探索的目的

運用探索功能，可進行各式各樣的分析。我們先來認識探索中的必要功能，了解如何正確使用它們。

1-1 為什麼要使用探索

> **POINT!**
> - 理解為什麼要使用探索、優點以及注意事項
> - 透過簡單的操作演示，掌握探索的使用方法
> - 將「探索」視為一種臨時查詢（ad hoc）分析

■ GA4 分析的特色

GA4 的「探索」是一組進階技巧，能夠提供比標準報表更詳盡的資料，協助您進一步深入分析客戶行為。具體而言，您可以根據自己想要了解的方向進行分析，例如來自電腦或行動裝置的按裝置分析、自然搜尋和付費搜尋的造訪路徑分析，以及促成和未促成轉換的使用者之轉換分析等等。

此外，「範本庫」提供一系列預先建立的探索範本。例如，「漏斗探索」可以視覺化呈現使用者最終抵達轉換頁面的網頁遷移步驟。「區隔重疊」可以確認新使用者、行動流量、完成轉換的使用者等任意指定區隔的重疊率。範本庫中包含 7 種範本，幫助您輕鬆建立進階的探索。

另外,「探索」與通用 Analytics(分析)的自訂報表在功能上相當接近,但最大的區別在於,在設定分頁的同時,設定內容會直接輸出於 GA4 的介面上。在自訂報表中,則需要經過「設定→保存→確認」的步驟,即使設定完成後也不清楚報表會如何顯示。因此,如果顯示結果不是您所預期的樣子,就需要返回重新設定。但在 GA4 的「探索」中,可以一邊進行設定,一邊確認輸出結果,使分析更為迅速確實。

■ 探索

透過探索,不僅可以建立新的分析、將分析報表共用,還可以檢視過去建立的分析。正如其名,這是一項用於「探索資料」的功能。

· **探索頁面**

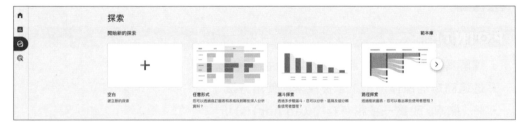

■ 探索的目的

探索的目的是透過組合精細度更高的事件單位資料,來進行臨時查詢(Ad hoc)分析。「Ad hoc」一詞在這裡指「根據特定目的,靈活地進行試錯」的意思。

運用探索,實現具有彈性的分析流程,例如一步步深入探究趨近實際解的假設,或是對假設進行修正與調整。您得以迅速選擇事件單位資料,並與其他資訊情報加以結合,進而更有效地進行 Ad hoc 思考實驗。

在網站分析的實務情境中,經常會遇到在維持業務營運的同時,快速且符合邏輯地解決問題和做出決策的情況。為了同時提高假設驗證的品質、速度和精確性,探索是非常有用的方法。

■ 探索的優點

探索擁有可供立即使用的進階分析方法，能夠針對顧客行為進行檢視，從資料中挖掘詳盡的洞見。

● 優點 1 簡單的可操作性

在「探索」中包含了所有已經建立或共用的探索，可供立即使用或繼續進行分析。您只需選擇一個探索範本，就能立即開始分析。探索由一個或多個分頁組成，每個分頁都會顯示用選定的特定技巧進行探索的資料。您可以透過「拖曳與放置」來選擇維度、指標等變數，設定各個分頁，自由地進行探索。

● 優點 2 實現更輕鬆的分析

組合各種變數、設定與切換不同技巧、排序、重構及細查資料、新增或刪除維度與指標、套用篩選器和區隔，將重點放在與您最相關的資料，在探索中，您可以輕鬆運用各種功能，輕鬆進行分析。

● 優點 3 更精確地驗證假設

透過組合及分析以事件為單位的資料，根據目的對資料進行篩選，實現更細部的資料分析。

● 優點 4 容易共用分析

在探索中完成設定資料集後，可以將該資料集匯出，與組織相關人員或外部人員共用您的探索。匯出的資料也可以用於其他工具。

● 優點 5 自動化報表

可以根據需求選擇個別圖表或表格的樣式，自動化視覺呈現及匯出功能。探索由一個以上的分頁組成，各分頁分別顯示以特定技巧進行分析的資料。

● 優點 6 視覺呈現使用者路徑

「路徑探索」功能在許多方面與通用 Analytics（分析）的其他功能相似，此外還擁有幾個優點。在「路徑探索」中，您不僅可以像在通用 Analytics（分析）的「使用者流程」一樣，探查使用者造訪網站或應用程式的步驟，還可以進一步了解使用者在特定步驟先前或後續採取的步驟。

雖然通用 Analytics（分析）的「使用者流程」和「行為流程」報表也會進行相似以網頁為單位的分析，「路徑探索」則能夠視覺化呈現使用者的行為路徑，不僅包含網頁或螢幕的瀏覽，還包括使用者觸發的事件。此外，您還可以進行反向的路徑探索。

■ 探索的運用

接下來介紹探索的使用範例。

● 按裝置的使用者

1. 在左側導覽面板選擇「探索」。

- 選擇「探索」

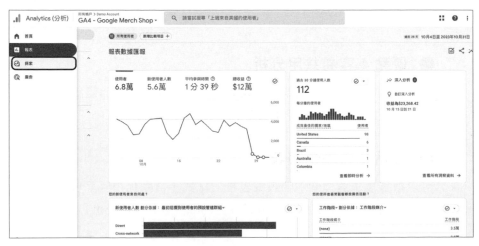

2. 在「開始新的探索」中選擇「任意形式」。

- 選擇「任意形式」

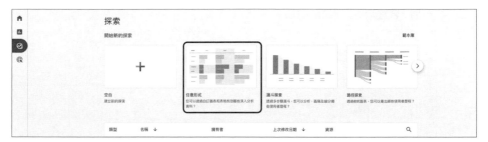

3. 在「視覺呈現」中選擇「表格」。

- 在「視覺呈現」選擇「表格」

第5天

1 探索的目的

4. 將維度中的「裝置類別」拖曳至「列」。或是對「裝置類別」按兩下，新增到「行」。

- 將「裝置類別」拖曳至「列」

- 「裝置類別」所顯示的結果

● 按媒介確認

如此一來，就能按裝置確認使用者。接下來我們要按媒介確認資料，並且新增參與率指標。

1. 將「最初招攬到使用的媒介」拖曳至「列」。

- **將「最初招攬到使用的媒介」拖曳置「列」**

2. 接著新增參與度。雖然參與度是一項指標，但是在預設情況中也會有未出現在「指標」中的情況。這時，我們要先將其顯示於「指標」中，請點選「指標」左側的「+」按鈕，畫面右側將會顯示包含「參與度」在內的其他指標。

第5天

1 探索的目的

• 點選「指標」左側的「＋」按鈕

3. 勾選「參與度」並點選「匯入」。此時參與度會顯示於指標。

4. 將「參與度」拖曳至「值」，或是按兩下。

• 將「參與度」拖曳至「值」，或是按兩下

● 篩選「日本」資料

目前畫面中顯示的是全世界的資料。如果只想要檢視日本地區的資料，則需要在區隔中新增「日本」

- 在區隔中新增「日本」

1. 將游標移至「區隔」下的「美國」，然後點選「編輯」。

- **按一下「＋」圖示，選擇「編輯」**

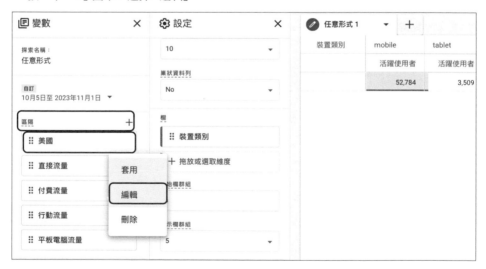

2. 將區隔名稱從「美國」變更為「日本」，方便於後續區分。

• 變更區隔名稱

3. 點選「值」，將「US」刪除，然後搜尋「JP」（將條件指定為「完全符合」）。

• 點選「值」，選擇「JP」

4. 按下右上角的「儲存」。完成新增「日本」區隔。

5. 將區隔中的「日本」拖曳至「區隔比較」，或是按兩下。

- 將「日本」拖曳至「區隔比較」，或是按兩下

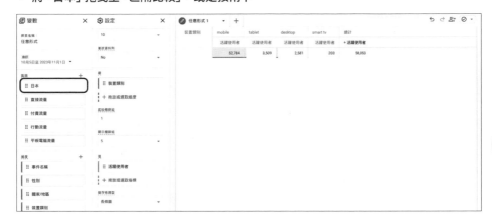

6. 如此，就完成套用區隔了。

在探索中，即使不進行「編輯」或「儲存」，您也可以靈活地在後續新增資料或套用區隔。

■ 從「空白」開始建立新的探索

如果想要建立新的探索，有兩種方法可供選擇：一種是自訂探索，另一種則是使用範本庫中的「空白」。在此，我們將介紹如何運用「空白」來自訂探索。

● 設定變數

首先認識最左側面板的「變數」項目。變數，提供這項探索可用的維度、指標和區隔。

- 變數的設定項目

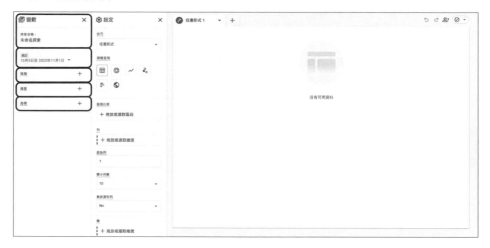

① **探索名稱**

這是探索的名稱。可以輸入任意內容。

② **自訂**

這是探索的時間範圍。可以指定任意時間範圍。

③ **區隔**

建立區隔，鎖定想要分析目標的對象。例如，如果想分析只透過廣告（medium=cpc）而來的使用者，可以選擇「付費流量」。點擊右上角的「＋」按鈕，就能建立自訂區隔（一個探索最多可套用 4 個區隔）。

④ **維度**

維度指資料的屬性，在此表示想要從何種角度切入以分析資料。例如，如果您想按電腦或智慧型手機等裝置進行分析，則可選擇「裝置類別」（一個探索最多可套用 20 個維度）。請點擊右上角的「＋」按鈕來增加任意維度。

⑤ **指標**

指標指平均值、比率、百分比等量化評估資料，在此表示想要分析的數值。例如，如果想要確認在指定時間範圍內的網站訪客量，則可以

選擇「活躍使用者」(一個探索最多可套用 20 個指標)。請點擊右上角的「＋」按鈕來增加任意指標。

● 分頁設定

以下說明「變數」右側的「分頁設定」項目,分頁設定指畫面目前顯示的視覺呈現指定探索技巧和設定。

1. 技巧

指用於呈現資料的探索方法。可從範本庫的 7 種範本中擇一選擇。

2. 視覺呈現

指套用至「探索」技巧的特定圖表樣式。可選擇以圓餅圖、散佈圖或折線圖等顯示資料。

3. 區隔比較

這是當您希望按不同區隔進行比較時會運用到的項目。如要套用區隔,可以從「變數」面板將其拖曳到「分頁設定」中,或是點選「拖放或選取區段」來選擇指定區隔 (最多可套用 4 個區隔)。此外,您還可以在「資料透視」欄位對資料進行樞紐分析,以列或欄的形式在表格中顯示區隔。

4. 列

可將「變數」面板的維度拖曳到「分頁設定」中,或是點選「拖放或選取維度」來選擇指定維度 (最多可選擇 5 個維度)。資料以橫列的形式在表格中顯示。

「起始列」指用來設定視覺呈現的起始列。「顯示列數」指設定表格視覺化時顯示的列數。

此時,若將「巢狀資料列」指定為 Yes,則會以巢狀階層顯示維度資料。若設定為 No,則不會以巢狀階層顯示維度。

舉例來說,國家／地區與造訪時間 (event_date) 與工作階段或網頁瀏覽被記錄於同一列,而 click 等事件名稱則以巢狀階層顯示於工作階段或網頁瀏覽之下。如果若將「巢狀資料列」指定為 No,則可以按事件名稱對資料進行排序。

- 顯示巢狀資料列

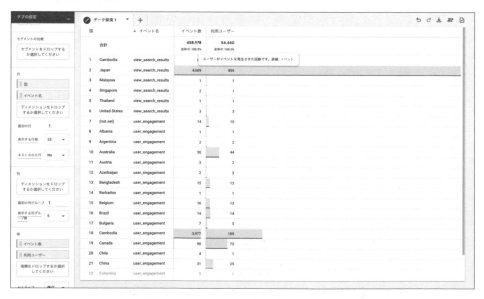

- 不顯示巢狀資料列

5. **欄**

可將「變數」面板的維度拖曳到「分頁設定」中，或是點選「拖放或選取維度」來選擇指定維度（最多可選擇 2 個維度）。資料以直欄的形式在表格中顯示。

「起始欄群組」指設定表格的起始欄群組。「顯示欄群組」指設定要在表格中顯示的欄群組數量。

6. **值**

可將「變數」面板的指標拖曳到「分頁設定」中，或是點選「拖放或選取指標」來選擇指定指標（最多可選擇 10 個指標）。「儲存格類型」指表格視覺化中指標值的顯示方式，可以選擇長條圖、純文字或熱視圖。

7. **篩選器**

可將「變數」面板的維度或指標拖曳到「分頁設定」中，或是點選「拖放或選取維度或指標」（最多可選擇 10 個指標或維度）。套用篩選器，可過濾出您最關心的資料，可以根據維度或指標（也可兩者併用）進行篩選。

■ 探索的限制事項

- 您可就每個資源針對每位使用者建立最多 200 項個別探索。
- 可為每個資源建立最多 500 項共用探索。
- 每項探索可套用最多 10 個區隔。
- 如果單筆探索查詢包含超過 1,000 萬個事件，則探索結果可能會以取樣資料為基礎。[※1]

※1 https://support.google.com/analytics/answer/7579450?hl=zh-Hant

■ 探索可與相關人員共用

正如我們到目前為止所介紹的內容，**探索能夠執行傳統報表設定所不能做到的臨時分析**。假如僅僅為了製作和提交報表而使用探索，並不能充分發揮其真正價值。

「探索」能夠根據需求，靈活地選擇和顯示資料，當您在與客戶或相關人員檢視資料並進行反覆試驗時，很可能會獲得意想不到的發現。請在會議或簡報中充分運用「探索」功能吧。

還有一項重要觀念，那就是在確認資料分析時，您應該帶上一個假設再去檢視。在沒有假設的情況下，您可能難以快速確定要查看哪些資料，以及不知道如何檢視。對於正在實施的任何策略，都應該先建立一個假設，並根據這個假設來觀察探索。

2 探索的主要功能

想要活用探索報表，那麼必須透徹掌握本節說明的各項功能。以「任意形式」為例，一起來看看這些功能的使用方法吧。

2-1 探索的功能

POINT!

- 利用「視覺呈現」改變資料的呈現方式
- 可以對區隔進行篩選

■ 儲存格類型

儲存格類型是一種使表格在視覺上更容易理解的功能，可讓您在清單中以純文字顯示指標，或利用色條／熱視圖加強視覺化呈現指標。

舉例來說，如果將儲存格類型設定為「長條圖」，則儲存格內將顯示反映比例的色條，使人可以一眼辨識數值大小。長條圖可以表現微小的數值差異，因此非常適合在需要明確區分數值大小的情況。

- **儲存格類型示例（長條圖）**

將儲存格類型設定為「熱視圖」，則儲存格將以不同深淺的顏色來呈現，可以直觀地看出哪些數值較大。相對類似的數值會顯示為相同的顏色，而不會像長條圖那樣清楚細分，因此，適用於當您想要大略掌握資料的數值大小的時候。

- **儲存格類型示例（熱視圖）**

■ 查看使用者

· 按右鍵選擇「查看使用者」

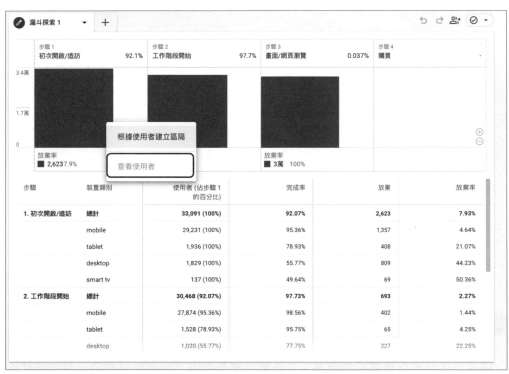

在長條圖等視覺化呈現資料的部分，可以按右鍵點選「查看使用者」，細查相關使用者的特定行為如「session_start」或「page_view」等詳細分析，這就是「使用者多層檢視」技巧。

第**5**天

2 探索的主要功能

- **使用者多層檢視示例**

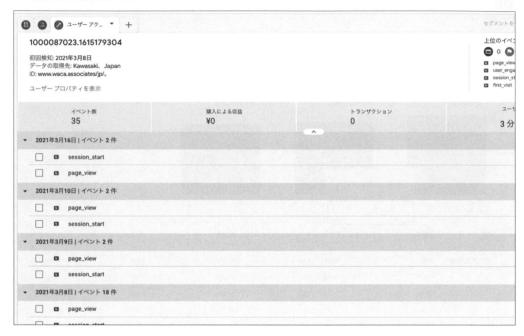

區隔建立工具

區隔建立工具可以從所有使用者、工作階段或事件中，篩選或排除滿足特定條件的資料。定義好的區隔，可以運用到分析中的任何分頁。您可以新增多個區隔。

建立區隔

在左側的「分頁設定」中，按一下「區隔」部分的「＋」號圖示。

在「建立自訂區隔」頁面中透過 3 種方式來建立新的區隔：使用者區隔、工作階段區隔、事件區隔。

- **建立新的區隔示例**

使用者區隔

使用者區隔是指曾與您網站或應用程式互動的使用者，例如曾經消費的老顧客，或將商品放進購物車但並未購買的使用者。

工作階段區隔

工作階段區隔是指在您網站／應用程式中發生的工作階段，例如來自特定廣告活動的所有工作階段。

事件區隔

事件區隔是在您網站／應用程式中觸發的事件，例如在特定位置進行的所有購買事件；或是在特定作業系統發生的 app_exception 事件。

範本區隔已納入相關條件，您只要針對這些條件指定值即可。

- **不同區隔示例**

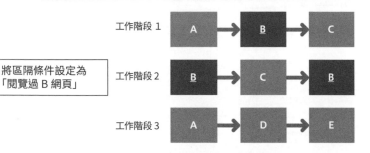

使用者區隔、工作階段區隔、事件區隔的差異
以下為 1 位使用者、3 個工作階段、9 次網頁瀏覽的示例

工作階段 1　　A → B → C

將區隔條件設定為
「閱覽過 B 網頁」　　工作階段 2　　B → C → B

工作階段 3　　A → D → E

使用者區隔：3 個工作階段、9 次網頁瀏覽
工作階段區隔：2 個工作階段、6 次網頁瀏覽
事件區隔：2 個工作階段、3 次網頁瀏覽

■ 期間

建立區隔時，有一項可設定的變數為區隔內含資料的日期範圍，例如：最近 7 天、最近 28 天或自訂日期範圍。

勾選「比較」核取方塊，可以與「上一個時段」進行比較（如一週間的比對日）。

- 期間比較的設定畫面

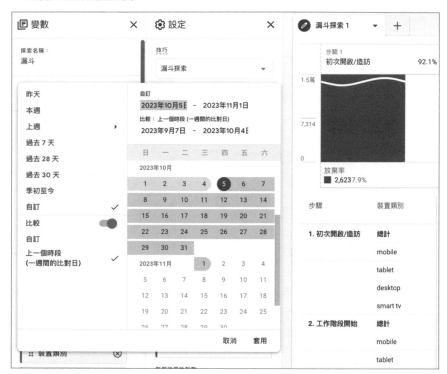

📱 篩選器

在篩選器中指定維度或指標來進行探索，其中會顯示一組受限資料，可套用至目前的探索。

- **篩選器選取畫面**

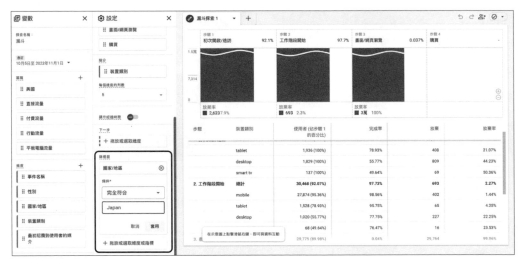

若要建立篩選器，請從變數面板中拖曳維度或指標，或按一下拖曳目標從清單中選取。舉例來說，有下列維度可供選取：

- 事件名稱
- 性別
- 國家／地區
- 裝置類別
- 最初招攬到使用者的媒介
- 串流名稱

指標部分則如下列選項。指標是套用在此篩選器的條件。

- 活躍使用者
- 事件計數
- 工作階段
- 交易
- 購買收益
- 轉換

- 只能選擇已選定指標的篩選器

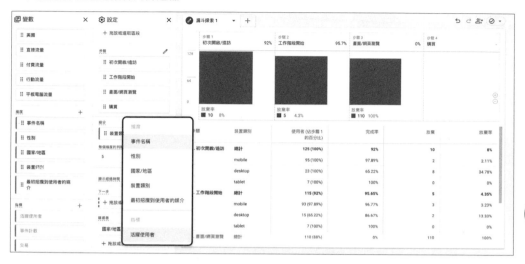

如果是將指標指定為篩選器的情況下，就無法選擇顯示為資料「值」的指標（也就是左側變數面板的指標）。

運用區隔與篩選器，都可以對資料進行限制，並以資料視覺化的方式根據特定條件來解讀部分資料。篩選器會顯示一組受限資料，只能套用至目前的探索。區隔則是由您定義的使用者、工作階段或事件群組，可用於目前探索的任何分頁，並且與其他使用者共用。

▣ 視覺呈現

視覺呈現技巧可以改變資料的呈現方式，比如以長條圖顯示資料。根據上方「技巧」的不同選項，會有不同的視覺呈現方式。如果選取「任意形式」範本，則會出現以下圖表樣式選項：

- 探索畫面

表格
由資料的數值與長條圖組成的表格。

圓環圖
以中空的圓環呈現資料比例的圖表。

折線圖
將數值變化連成折線，呈現資料增減趨勢的圖表。

散佈圖
橫軸與縱軸分別顯示各項目的數值，表達資料相關性的圖表。

長條圖
將表示數量的長條以水平方向呈現，可以輕鬆看出各項目數量差異的圖表。

全球訪客分佈圖
以圓圈在地圖上呈現來自不同地區的訪客。

▇ 分頁

在「探索」的資料視覺化畫面頂部的分頁，可以選擇各個視覺呈現。最多可以新增 10 個分頁。

- **分頁畫面**

如果想增加新的分頁，請在點選「＋」後，從「技巧」中選擇此分頁的探索方式。點選分頁名稱，即可編輯或修改名稱。

- **點選「＋」後從「技巧」中選擇**

■ 技巧

「技巧」是用來探索資料的方式。關於各項技巧的說明，請參考本章第 3 節「探索中的分析方法」。

• 選擇技巧

報表與探索的區別

報表和探索都可以深入分析網站和應用程式資料，提供可作為行動依據的洞察。您在標準報表和自訂探索看到的資料一般來說會是一樣的，但有時也會出現不一致。原因如下：

- 報表的某些維度和指標無法在探索中使用，要是在探索中開啟的報表包含不支援的欄位，這些欄位就不會出現在探索中。
- 探索不支援報表中比較項目使用的某些欄位。
- 探索中的日期範圍受限於資源的資料保留設定（2 個月或 14 個月）；如果您建立的報表日期範圍超出使用者和事件層級資料保留設定中的指定期間，在探索中開啟報表時，系統不會納入該期間之前的資料。
- 報表可以包含當日收集到的資料，而探索只能納入前一天為止的資料。
- 資料取樣也可能會使報表和探索中的資料不一致。將滑鼠游標移至探索分頁的右上角圖示，可以查看資料取樣的比例。

• 資料取樣比例

Google Analytics（分析）4 幫助

[GA4] 報表和探索的資料差異

https://support.google.com/analytics/answer/9371379

■ 運用適當功能，挖掘問題點或成功祕訣

在探索中，**可以靈活運用區隔來顯示或篩選資料，並將資料視覺化**。此外，透過區隔和查看使用者，可以細查使用者行為。

加以善用這些功能，找出資料中的問題所在或導向成果的線索。

3 探索中的分析方法

了解探索的使用方法，掌握各種分析手法的特點。靈活變更報表中的內容，獲得解決自家網站問題的線索。

3-1 範本庫的使用方法

POINT!

- 在探索中新增指標，以不同的視覺化方式呈現資料，自由地進行分析。
- 正確掌握探索的結果，建立具有意義的報表。

探索中擁有各式各樣的技巧，以下依序說明。

■ 任意形式 [※2]

「任意形式」技巧非常容易自訂且具有彈性，可視需求排列及排序表格的資料列和資料欄，使用區隔和篩選器來縮小任意形式探索範圍。資料欄最多可設定 2 個維度，資料列最多可設定 5 個維度，藉此深入探索您的資料。

此外，還可以在「任意形式」探索中新增及並列比較多個指標，或是根據所選資料建立區隔，進行更深度的分析。

運用視覺呈現功能，在表格或圖表中以視覺化方式顯示資料，比如折線圖、散佈圖或橫條圖等。

可以建立多個「任意形式」探索分頁，以試算表或分頁瀏覽的形式，並列比對各式各樣的分析結果。

※2 https://support.google.com/analytics/answer/9327972

• 「任意形式」頁面

● 建立任意形式

• 任意形式分析示例

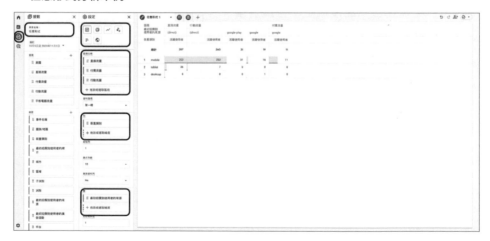

1. 按一下左側的「探索」圖示。

2. 選取畫面頂端的「任意形式」範本。

3. 在「視覺呈現」選擇資料的顯示方式。

4. 在「區隔比較」選擇想要比較的區隔，最多可選取 4 個區隔。

5. 在「列」和「欄」中指定想要分析的維度。

在上頁的「任意形式分析示例」中，相關設定如下所示：

- 視覺呈現：表格
- 區隔比較：
    - 直接流量
    - 付費流量
    - 行動流量
- 列：裝置類別
- 欄：最初招攬到使用者的來源
- 值：活躍使用者
- 篩選器：國家／地區完全符合 Japan

在以下「自訂任意形式」中，相關設定如下所示：

- 視覺呈現：折線圖
- 區隔比較：直接流量、付費流量
- 精細程度：日
- 細目：裝置類別
- 值：活躍使用者

- **自訂任意形式**

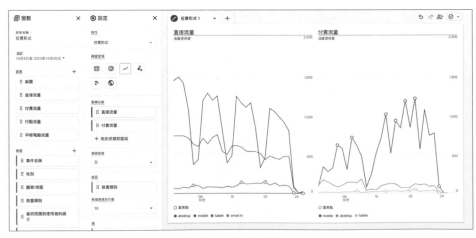

■ 同類群組探索 ※3

「同類群組」是指具有共通特質的一群使用者,這是從心理學領域的「隊列研究」(cohort study)而衍生的應用分析技巧。舉例來說,「獲客日期」在同一天的使用者會歸為同一個同類群組。

透過同類群組探索,您可以瞭解這些群組在自家網站的回訪率或維持率等行為變化情形。

您可以使用同類群組探索來瞭解下列資訊,比如回訪數變化或是廣告活動的最佳時機。

- 查看哪些群組擁有較高的網站造訪率及回訪率。
- 檢視當新招攬的使用者的回訪率下降的時機,並考慮對該群組投放促銷廣告,避免流失使用者。
- 檢驗廣告活動或促銷活動後的回訪率及成效。

舉例來說,可以將「安裝應用程式」的動作設定為「同類群組納入」,將「開啟應用程式」設定為「回訪條件」。

然後將「精細程度」指定為每天,由此查看在安裝了應用程式後,使用者是否確實使用自家應用程式。

在應用程式內投放廣告後,還可以確認使用者的再訪數變化,了解廣告成效。

同類群組探索最多可顯示 60 個同類群組。

第
5
天

3

探
索
中
的
分
析
方
法

※3 https://support.google.com/analytics/answer/9670133

• 同類群組探索

	日 0	日 1	日 2	日 3	日 4
所有使用者 活躍使用者	**33,175**	**3,607**	**2,099**	**1,674**	**1,332**
10月5日至 2023年10... 1,134 位使用者	1,119	130	64	49	36
10月6日至 2023年10... 1,084 位使用者	1,072	124	72	65	45
10月7日至 2023年10... 1,145 位使用者	1,132	147	73	54	48
10月8日至 2023年10... 1,526 位使用者	1,498	129	73	74	50
10月9日至 2023年10... 940 位使用者	922	118	76	48	41
10月10日至 2023年1... 1,092 位使用者	1,078	101	75	49	42
10月11日至 2023年1... 938 位使用者	925	116	80	48	37
10月12日至 2023年1... 1,207 位使用者	1,183	124	72	64	45

每個儲存格內容都是活躍使用者的總計，所針對的使用者是在首次接觸 (獲客日期)發生後的當日之中發生session_start的使用者

（同類群組探索 1）

● 建立同類群組探索

1. 按一下左側的「探索」圖示。

2. 按一下畫面頂端的「範本庫」，然後選取「同類群組探索」範本。

3. 定義納入條件：將使用者加入同類群組的條件，例如「首次接觸」。

4. 設定回訪條件：使用者須符合哪些後續條件才能繼續保留在同類群組中。

5. 設定「同類群組精細程度」，按每天、每週、每月顯示使用者行為在指定時間長度內的變化趨勢。

6. 在「值」設定想要分析的指標，例如「活躍使用者」、「事件計數」或「交易」。

- 同類群組探索的詳細設定畫面

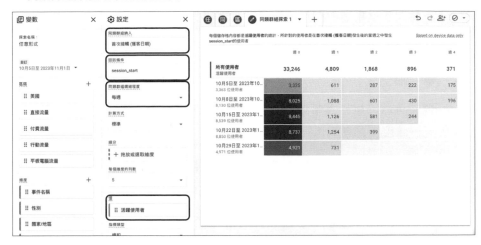

● 同類群組納入

定義使用者須符合哪些初始條件才能納入同類群組。

- 首次接觸（獲客日期）：使用者第一次造訪您應用程式或網站的日期。
- 任何事件：使用者在探索日期範圍內第一次進行事件。
- 任何交易：使用者在探索日期範圍內第一次進行交易事件。
- 任何轉換：使用者在探索日期範圍內第一次完成轉換事件。
- 其他：使用者觸發的特定事件。

● 回訪條件

定義使用者須符合哪些回訪條件才能納入同類群組。

- 任何事件：使用者在探索時間範圍內至少有 1 個事件。
- 任何交易：使用者在探索時間範圍內至少要有 1 個交易事件。
- 任何轉換：使用者在探索時間範圍內至少要有 1 個轉換事件。
- 其他：使用者在探索時間範圍內觸發的特定事件。

● 同類群組精細程度

定義初始和回訪同類群組的時間範圍，可用選項如下：

第 **5** 天

3 探索中的分析方法

- 每天：從午夜到午夜（以資源所在時區為準）。
- 每週：從星期日到星期六，而非連續的 7 天。
- 每月：從月初到月底。

● 細分

根據選取的維度將每個同類群組劃分成不同的子群組，方便比較同類群組在同一維度上的差異。

例如，在細分維度中指定「最初招攬到使用者的媒介」，就能比較同類群組內的使用者來自哪些不同媒介。

- **在細分維度中指定「最初招攬到使用者的媒介」**

	週 0	週 1	週 2	週 3	週 4
所有使用者 活躍使用者	**57,345**	**2,311**	**631**	**189**	**1**
10月3日至 2023年10... 10,876 位使用者	10,876	610	274	187	1
affiliate 17 位使用者	17	0	0	0	0
cpc 1,926 位使用者	1,926	86	50	50	0
referral 647 位使用者	647	26	19	12	0
organic 3,144 位使用者	3,144	142	53	33	0
(none) 5,218 位使用者	5,218	355	151	92	1

每個儲存格內容都是活躍使用者的總計，所針對的使用者是在**首次接觸 (獲客日期)**發生後的當週之中發生任何事件的使用者

同類群組探索 1

將指標類型設定為「每位同類群組」，就能得知各子群組除以該同類群組大小的比例。

- 將指標類型設定為「每位同類群組」

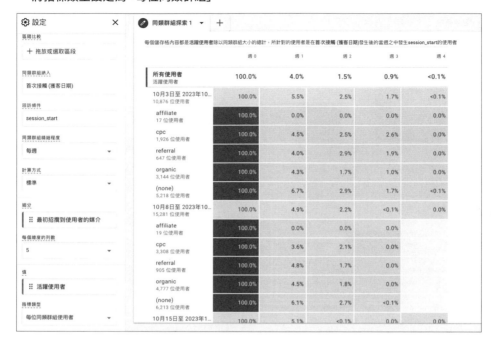

● 值

指定要在同類群組表格中顯示的指標，例如「活躍使用者」、「事件計數」或「交易」。

■ 漏斗探索 [4]

「漏斗探索」將使用者完成某件事時採取的步驟化為圖表，迅速瞭解各個步驟的使用者行為。

運用「漏斗探索」技巧，可以瞭解以下資訊：

- 確認網站歷程是否正確引導使用者完成轉換。
- 掌握未能促成轉換的使用者所遇到的瓶頸，改善消費者放棄或成效不佳的客戶流程。

※4 https://support.google.com/analytics/answer/9327974

第 **5** 天

3 探索中的分析方法

- 漏斗探索示例

這個「漏斗探索」例子以 GA4 - Google Merch Shop 示範帳戶為例，將使用者從造訪到購買的過程化為 4 個步驟：

1. 初次開啟
2. 工作階段開始
3. 畫面／網頁瀏覽
4. 購買

圖中下方表格顯示以下指標：

使用者
造訪網站／應用程式的使用者總數

完成率
從目前步驟移至下一個步驟的百分比

放棄
未從目前步驟移至下一個步驟的使用者人數

放棄率

目前步驟與下一個步驟之間流失使用者的百分比

從這則漏斗探索中可以得知「初次開啟」的完成率（「初次開啟」後移動至「工作階段開始」的百分比）較低，存在改善的空間。

■ 建立漏斗探索

1. 按一下左側的「探索」圖示。
2. 按一下畫面頂端的「範本庫」，然後選取「漏斗探索」範本。

• 從範本庫中選擇「漏斗探索」

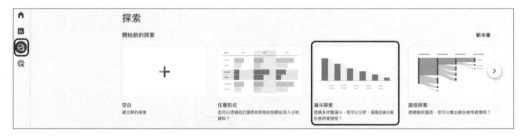

3. 在「分頁設定」的「步驟」部分自訂漏斗。

•「分頁設定」的「步驟」

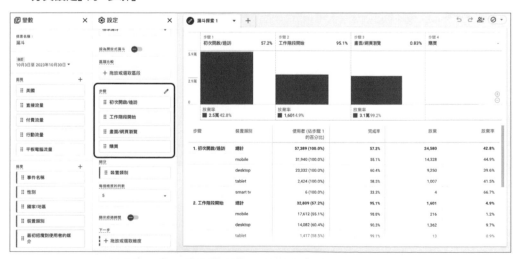

■ 設定漏斗探索的步驟

在定義客戶歷程之後,可以透過漏斗探索的「步驟」重現這些歷程。您可以運用這些資訊,確認顧客是否如期瀏覽網站,並減少效率不佳或遭放棄的歷程,進而改善網站或應用程式。

在同一個漏斗探索中最多可定義 10 個步驟。

1.　按一下「步驟」左側的「鉛筆」圖示來新增步驟。

- **新增漏斗探索的步驟**

2. 在「編輯漏斗步驟」畫面底部，按一下「新增步驟」。

- **漏斗探索的步驟之編輯畫面①**

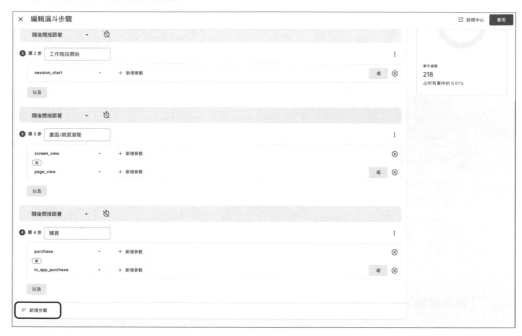

3. 點選「新增步驟」並修改為容易辨識的名稱。

4. 按一下「新增條件」，為步驟指定條件。如要設定時間範圍來指明步驟最慢必須在何時完成（例如 5 分鐘內），請按一下「碼表」圖示，然後設定限制時間。

5. 如要在條件中加入更多子句，請按一下「和」或是「或」。

6. 按一下右上角的「套用」。

- **漏斗探索的步驟之編輯畫面②**

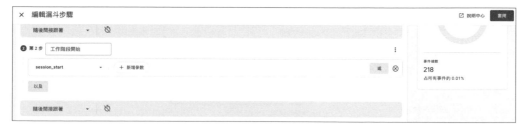

以前述的 GA4 - Google Merch Shop 這個例子來說，第 1 步為「初次開啟」，接續第 2 步「工作階段開始」，再接續第 3 步「畫面／網頁瀏覽」及第 4 步「購買」。

「隨後間接跟著」與「隨後直接跟著」的區別

如果步驟為「隨後間接跟著」，與前一個步驟之間可能還有其他動作。

若步驟為「隨後直接跟著」前一個步驟，則必須緊接在前一個步驟之後發生。

• 「隨後間接跟著」與「隨後直接跟著」

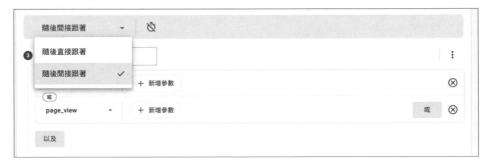

「設為開放式漏斗」切換鈕

漏斗可以是「開放式」或「封閉式」，這決定了使用者進入漏斗的方式：

- 在封閉式漏斗中，使用者只能在第一個步驟中進入漏斗。
- 在開放式漏斗中，使用者可以在任何步驟進入漏斗（即便沒有完成第一個步驟）。

• 「設為開放式漏斗」的切換按鈕

「顯示經過時間」切換鈕

如果將這個切換鈕設為開啟，系統會顯示各漏斗步驟之間的平均經過時間。

- 顯示經過時間

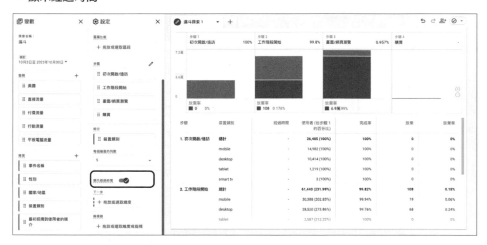

- 漏斗探索的經過時間

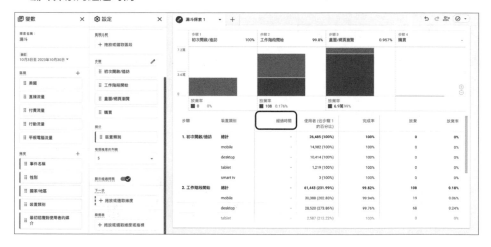

「細分」維度設定

您需要選取維度，以利系統為表格提供詳細資料序列。舉例來說，如果選取「性別」維度，系統會按男性（male）、女性（female）和不明（unknown）列出各個步驟的詳細資料。

- 「細分」維度設定

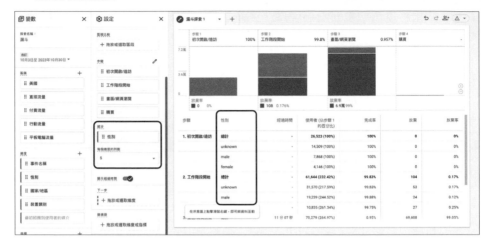

「區隔」設定

透過指定區隔，指定特定客群作為分析重點，例如按裝置或國家／地區進行比較。

● 自訂「視覺呈現」

您可以選取標準漏斗（階梯圖）或趨勢漏斗（折線圖），變更報表的視覺化呈現方式。

- 變更視覺呈現

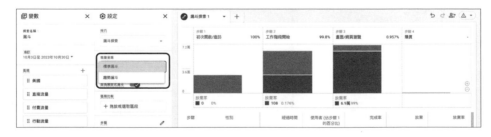

在趨勢漏斗中,您可以同時查看所有步驟,也可以按一下圖表頂端的步驟名稱深入瞭解特定步驟。

• 「趨勢漏斗」圖表(以初次開啟/造訪為例)

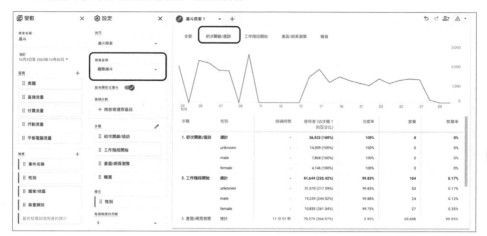

■ 區隔重疊分析

「區隔重疊」技巧可用來比較最多 3 個使用者區隔,方便您快速查看區隔的重疊情形和彼此之間的關聯。

您可以透過這項技術根據複合條件劃分出特定目標對象,接著根據分析結果建立新的區隔,並將新區隔套用至其他「探索」技巧。

下方例子運用「區隔重疊」技巧,比較「行動流量」、「平板電腦流量」及「25-54 歲使用者」等區隔,探索彼此之間的關聯。

- 區隔重疊

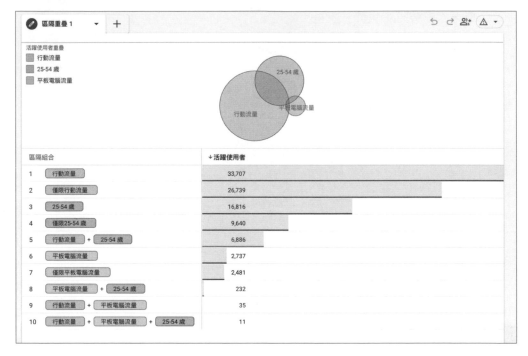

建立區隔重疊

1. 按一下左側的「探索」圖示。

2. 按一下畫面頂端的「範本庫」,然後選取「區隔重疊」範本。

3. 在「區隔比較」指定想要比較的區隔,最多可以選擇 3 個區隔。

4. 在「細目」指定維度,在「篩選器」新增指標,進一步過濾資料,以更細分的方式探索資料。

將滑鼠游標移到區隔或聯集(意即 2 個或更多區隔的交集)內,查看該區隔或聯集的「獨占項目」數量,當中會排除所有與其他區隔重疊的項目。

- 獨占項目

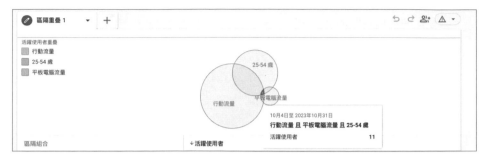

將滑鼠游標移至區隔的邊界上，查看該區隔的「含括項目」數量，當中會包含所有與其他區隔重疊的項目。

- 區隔的含括項目

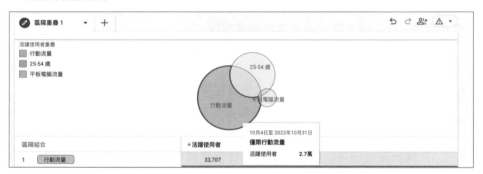

● 將區隔重疊的資料設為新的區隔

對圖表中的區隔／聯集或資料表中的儲存格按一下滑鼠右鍵，即可使用區隔重疊資料建立新區隔。舉例來說，您可以根據「『行動流量』『且』『平板流量』『且』『25-54 歲使用者』」這項條件來建立新區隔。

第
5
天

3 探索中的分析方法

- 將區隔重疊資料設為新的區隔

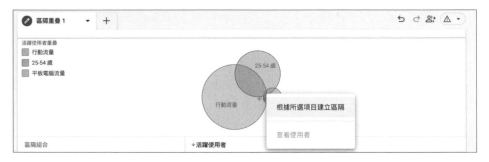

新建立的這個區隔可用於這項探索的其他技巧，或是供其他探索運用。

■ 路徑探索 ※5

「路徑探索」技巧運用樹狀圖探索使用者歷程。

「路徑探索」技巧可幫助您：

- 找出新使用者在進入首頁之後最常開啟的網頁。
- 確認網站使用者的行為，瞭解按特定條件下篩選的使用者會按照何種順序行動。
- 指出重複出現的行為，這可能代表使用者在操作過程中卡住了。
- 判斷特定事件對後續使用者動作的影響。

● 建立路徑探索

1. 按一下左側的「探索」圖示。
2. 選取畫面頂端的「路徑探索」範本。
3. 在「分頁設定」中，確認系統已指定「路徑探索」技巧。
4. 選擇作為探索起點的資料類型。

    - 在樹狀圖的「步驟 +1」下方清單中選取所需維度（事件名稱或網頁標題等）。
    - 按一下「步驟 +1」右方的「鉛筆」圖示，選取該步驟要顯示的節點值。

※5 https://support.google.com/analytics/answer/9317498

• 路徑探索示例

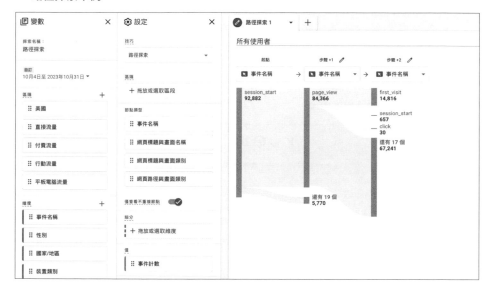

● 查看使用者後續採取的步驟

如要查看使用者採取的後續步驟,請按一下圖中的資料點(資料點在路徑探索中稱為「節點」)。

按一下節點即可展開,以及新增步驟,再按一下則可收合節點。

• 節點的使用方式

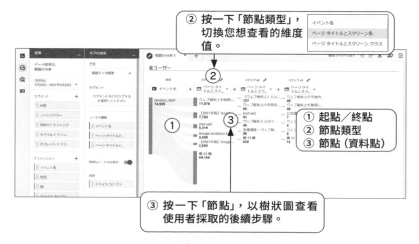

② 按一下「節點類型」,切換您想查看的維度值。

① 起點/終點
② 節點類型
③ 節點(資料點)

③ 按一下「節點」,以樹狀圖查看使用者採取的後續步驟。

● 變更指標

路徑探索會計算圖中每個節點的事件計數。如要套用不同的指標計算方式，可以在左側的「變數」中，從清單中選取支援的指標，並拖曳到「設定」部分的「變數」目標中。

- **在路徑探索中變更指標**

● 套用篩選器

您可以根據任何可用的維度和指標來對探索套用篩選器。舉例來說，您可以只顯示在指定瀏覽器或作業系統上發生的路徑。

- **套用篩選器**

● 套用細分維度

使用「細分」維度，可按該維度分類顯示路徑資料。舉例來說，您可以查看按國家／地區或裝置類別劃分的使用者路徑。

套用細分維度的方式是從左側的「變數」面板中,將現有維度拖曳到「分頁設定」面板的維度目標。

探索底部會顯示指定維度的前 5 個值。將滑鼠遊標懸停在值上,即可查看該值在這個節點上的細分情況。舉例來說,以下的反向路徑探索套用了「裝置類別」細分維度。將滑鼠懸停在「行動裝置」(mobile),畫面上就會顯示各節點的行動裝置使用者人數:

- **在路徑探索中設定維度**

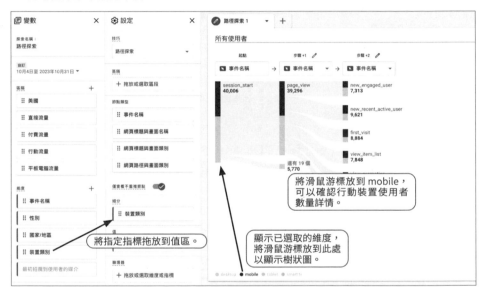

此外,**反向路徑探索會從您指定的終點開始往回檢視事件串流**,找出使用者瀏覽的畫面或觸發的事件。

點選「重新開始」,系統會用您選為終點的維度值(例如事件名稱)反向計算路徑。

- 重新開始

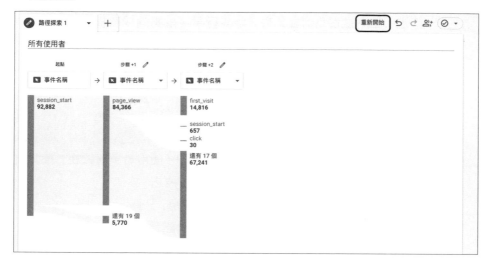

- 建立從終點往回檢視的路徑

使用者多層檢視 ※6

您可以運用「使用者多層檢視」技巧，選取特定使用者群組，並往下細查各個使用者活動。「裝置 ID」和「串流名稱」這兩個維度為必要項目，但可以選擇多種不同的指標。

***

※6 https://support.google.com/analytics/answer/9283607

「使用者多層檢視」技巧可幫助您進行以下分析：

- 篩選出已轉換使用者並針對分析其行為，找出促成轉換的內容。
- 確認使用者從造訪到轉換的歷程，排除特定使用者流程問題。
- 運用篩選器或區隔來過濾使用者資料。

● 建立使用者多層檢視

1. 按一下左側的「探索」圖示。
2. 按一下畫面頂端的「範本庫」，然後選取「使用者多層檢視」範本。
3. 在「分頁設定」選取「使用者多層檢視」技巧。
4. 此時系統會顯示預設的「使用者多層檢視」分頁。
5. 按一下使用者 ID，畫面隨即會開啟關於該使用者的新的探索分頁。

- **使用者多層檢視（資料顯示於新的分析分頁）**

6. 按一下「時間軸」工作階段，即可查看使用者於何時造訪網站。

• **使用者多層檢視的時間軸**

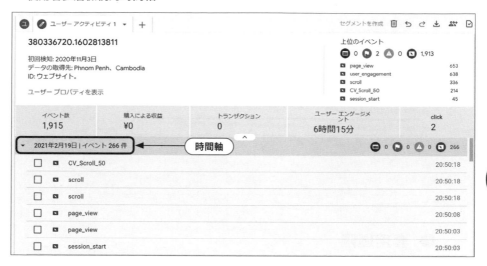

7. 進行任何需要的自訂設定（新增維度／指標、套用篩選器／區隔或變更日期範圍）。

● 從個別使用者建立區隔

在「時間軸」中，您可以針對一組特定事件的所有使用者建立一個區隔。

請先選取一或多組個別事件，然後按一下右上角的「建立區隔」。您也可以視需要編輯產生的區隔，然後儲存起來以供日後探索或報表使用。

- 從使用者多層檢視建立新的區隔

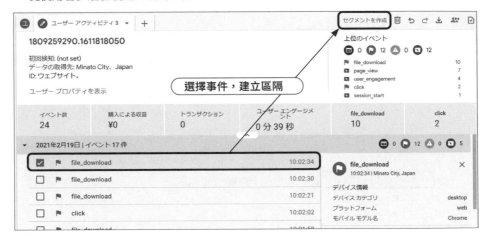

● 套用區隔

將現有區隔從清單最左邊拖曳到「分頁設定」面板中的「區隔比較」。接著，您就可以按這個區隔來進一步查看使用者。

- 在使用者多層檢視中套用區隔

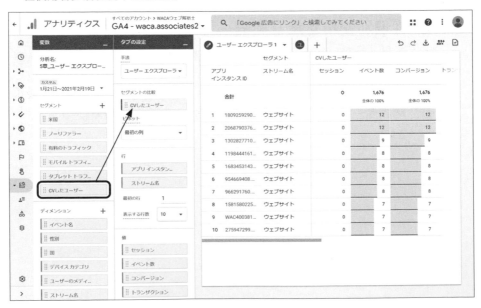

■ 使用者生命週期 [7]

「使用者生命週期」技巧會顯示網站或應用程式使用者在生命週期內的行為，透過使用者總人數或生命週期收益（LTV），分析客戶在生命週期內的行為和價值。

「使用者生命週期」可協助您發掘特定洞察資料，例如：

- 哪些來源、媒介和廣告活動能吸引生命週期收益最高的使用者。
- 根據 Google Analytics（分析）預測模型，計算出哪些運作中的廣告活動可開發預期會更有價值、購買機率較高且流失機率較低的使用者。

系統會針對 2020 年 8 月 15 日後您網站或應用程式中的活躍使用者，提供生命週期資料。

● 建立使用者生命週期

1. 按一下左側的「探索」圖示。
2. 按一下畫面頂端的「範本庫」，然後選取「使用者生命週期」範本。
3. 進行任何需要的自訂設定，例如調整「設定分頁」的「列」。

- **使用者生命週期**

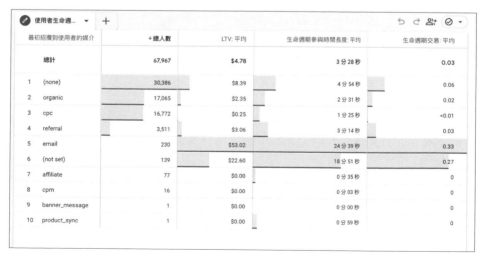

最初招攬到使用者的媒介	↓總人數	LTV: 平均	生命週期參與時間長度: 平均	生命週期交易: 平均
總計	67,967	$4.78	3 分 28 秒	0.03
1 (none)	30,386	$8.39	4 分 54 秒	0.06
2 organic	17,065	$2.35	2 分 31 秒	0.02
3 cpc	16,772	$0.25	1 分 25 秒	<0.01
4 referral	3,511	$3.06	3 分 14 秒	0.03
5 email	230	$53.02	24 分 39 秒	0.33
6 (not set)	139	$22.60	18 分 51 秒	0.27
7 affiliate	77	$0.00	0 分 35 秒	0
8 cpm	16	$0.00	0 分 03 秒	0
9 banner_message	1	$0.00	0 分 00 秒	0
10 product_sync	1	$0.00	0 分 59 秒	0

※7 https://support.google.com/analytics/answer/9947257

● 使用者生命週期的組成

「使用者生命週期」技巧會顯示您網站或應用程式使用者的匯總資料,具體來說,這項技巧會顯示每位使用者的下列資訊:

- 初始互動:使用者首次與資源互動的相關資料,例如:使用者首次造訪／購買日期,或使用者是透過哪個廣告活動開發的。
- 最近互動:使用者上一次與資源互動的相關資料,例如使用者的上次活動時間或購買日期。
- 生命週期互動:使用者生命週期內的匯總資料,例如生命週期收益或參與度。
- 預測指標:透過機器學習技術產生的資料,可用於預測使用者行為,例如購買機率、應用程式內購機率、流失機率。

● 使用者識別資訊與平均生命週期價值

「使用者生命週期」技巧透過兩種方式來識別及回報不同平台及裝置上的使用者。

第一種方法是使用 User-ID(如果有收集這項資料)來識別使用者,並將所有相關事件統整在報表和探索中。

如果沒有收集到 User-ID,Analytics(分析)就會使用裝置 ID(網站用戶端 ID 或應用程式執行個體 ID)來識別使用者。使用這個方法時,系統會匯總裝置層級的使用者生命週期資料。

如果使用者在所選日期範圍內同時以登入和未登入狀態進行活動,則探索只會運用使用者生命週期資料中登入部分的資料。

這樣能更準確地呈現使用者資料:不會重複計算同一使用者,而且透過以 User-ID 為基礎的使用情況進行評估的指標(例如平均生命週期價值)也比較準確。系統不會將使用者在未登入狀態下的活動納入探索。

不同的報表識別資訊方式會影響使用者生命週期資料，進而影響平均生命週期價值的計算[8]。

▣ 運用探索突破過往網頁分析的極限

運用探索，可以建立各式各樣靈活而具有彈性的分析。傳統意義而言，無論是由誰來建立一份報表，幾乎都能製作出一定程度具有意義的報表，而探索技巧能夠更自由地探索資料，**因此更需要正確理解能力，才能建立有意義的探索。**

儘管對於確實理解各指標的意義有一定要求，可自由進一步深入分析資料是探索的巨大優勢。請務必運用探索技巧，活用在傳統網頁分析中難以分析的資料，引導出新的洞見與成果。

第
5
天

3
探索中的分析方法

---

[8] https://support.google.com/analytics/answer/9947257

第 5 天的總整理

問 題

Q1 關於探索的優點，何者正確？

1. 評估即時資料，確認是否正確設定追蹤碼。
2. 細查資料以挖掘洞見，並將其轉化為具體行動。
3. 利用機器學習設定的條件來加深對資料的理解，並做出適當決策。
4. 在探索中找到的資料集雖然不能與組織內外部相關人員共用，但您可以自由複製。

Q2 關於探索的敘述，何者為誤？

1. 區隔建立工具能夠從所有使用者、工作階段、事件中，包含或排除符合特定條件的項目進行分析。
2. 在期間中勾選「比較」核取方塊，可比對上一個指定時間範圍的資料，如「與去年同期相比」。
3. 區隔和篩選器都能與其他使用者共用。
4. 視覺呈現的「圓環圖」是以中空的圓環呈現資料比例的圖表。

Q3 關於區隔建立工具的敘述，何者為誤？

1. 「使用參考資料」中有可以立即使用的範本區隔。
2. 事件區隔是在您網站／應用程式中觸發的事件，並不包括在特定作業系統發生的 app_exception 事件。
3. 工作階段區隔包括來自特定廣告活動的所有工作階段。
4. 指定條件後，可以選擇包含或排除區段中的資料。

Q4 關於探索中「任意形式」技巧的敘述，何者正確？

1. 在任意形式中，資料欄最多可設定 2 個維度，資料列最多可設定 2 個維度，進一步靈活探索資料。

2. 選擇儲存格類型時，可以選擇長條圖或純文字，但不能使用熱視圖。

3. 區隔建立工具可以建立使用者區隔和工作階段區隔，但無法建立事件區隔。

4. 在任意形式中可以指定期間。使用「比較」功能可比對不同時間範圍的資料。

Q5 關於探索功能的敘述，何者為誤？

1. 在任意形式中，可以使用篩選器來限制欲顯示的資料（例如只顯示交易次數超過 10 次的資料），但不能使用維度。

2. 利用視覺呈現工具，不僅可以將資料化為表格，還可以用條形圖、折線圖等多種形式呈現。

3. 使用分頁功能，可以像 Excel 或試算表一樣，並列顯示多個探索報表。

4. 探索能夠顯示透過各種方法進行分析的資料，例如使用者多層檢視或同類群組探索。使用範本，還可立即開始探索。

Q6 關於報表與探索的區別，何者為誤？

1. 報表中可用的維度和指標，有一部分可能無法用於探索。

2. 在報表的「比較」中，可以使用探索中不支援的欄位。

3. 報表中的日期範圍受限於資源的資料保留設定（預設為 2 個月）。

4. 報表總是基於所有可用的資料，但在探索中，如果資料查詢超過配額，則可能會進行資料取樣。

Q7 關於區隔、篩選器及使用者的運用，何者正確？

1. 篩選器可以和其他使用者共用，區隔則無法共用。

2. 在套用區隔時，需要將區隔拖放到分頁設定的區隔欄位，但不能同時加入多個區隔。

3. 如果想要查看特定使用者群組，可以透過「從個別使用者建立區隔」或「從使用者建立目標對象」建立新的區隔或目標對象。

4. 即使對畫面顯示的資料按右鍵，點擊選擇「查看使用者」，也不會出現關於該使用者的詳細資訊。

Q8 關於使用者生命週期的敘述，何者為誤？

1. 系統會針對 2020 年 8 月 15 日後網站或應用程式中的活躍使用者，提供生命週期資料。

2. 裝置 ID 可以跨平台和裝置辨識使用者，進行生命週期分析。

3. 如果沒有收集到 User-ID，則系統會使用裝置 ID（網站 Cookie 的 client_id 值或行動應用程式的應用程式執行個體 ID）來識別使用者。

4. 如果使用者在所選日期範圍內同時以登入和未登入狀態進行活動，則探索只會運用使用者生命週期資料中登入部分的資料。

Q9 關於同類群組探索的敘述，何者為誤？

1. 「同類群組精細程度」可按每天、每週、每月顯示使用者行為在指定時間長度內的變化趨勢。

2. 同類群組探索的回訪條件可以是「任何事件」、「任何交易」或「任何轉換」。

3. 同類群組探索最多可以顯示 60 個群組。

4. 客層維度適用門檻限制。如果同類群組中的使用者人數過少而無法去識別化，這些使用者就不會納入探索。

Q10 關於區隔重疊探索的敘述，何者為誤？

1. 將滑鼠游標移到區隔或聯集（意即 2 個或更多區隔的交集）內，查看該區隔或聯集的「獨占項目」數量，當中會排除所有與其他區隔重疊的項目。

2. 將滑鼠游標移至區隔的邊界上，查看該區隔的「含括項目」數量，當中會包含所有與其他區隔重疊的項目。

3. 如果想要進一步限制資料，可以追加篩選器。

4. 「區隔重疊分析」技巧沒有區隔數量限制，可以快速查看區隔的重疊情形和彼此之間的關聯。

Q11 關於使用者多層檢視的運用，何者正確？

1. 使用者多層檢視可以分析那些造訪過網站和應用程式的使用者之詳細使用情況。

2. 使用者多層檢視的指標中，「裝置 ID」和「串流名稱」為必要項目，且只有這兩個維度可使用。

3. 使用者多層檢視分析是為了確認用戶從造訪到轉換的整個流程，解決阻礙轉換的問題而存在的方法。

4. 為了更詳細地分析使用者多層檢視，可以套用區隔但無法套用篩選器。

解 答

A1 2

1. 透過「即時」報表，您可以確認追蹤程式碼在您的網站或應用程式上是否正常運作。[9]

2. 「探索」能夠協助您進一步深入分析客戶行為，挖掘資料中的洞見。

3. 這是 Analytics（分析）情報快訊的功能，運用機器學習技術及您設定的條件，幫助您解讀資料並採取行動。[10]

4. 可以與組織內外擁有存取權的人員共用您的探索，您也可以匯出資料，在其他工具中使用。[11] 運用探索，自由地根據目的來進一步探查資料，並將洞見轉化為具體的行動。在探索中也可以整合如 Google 廣告等其他資料來源。

舉例來說，您可以組合各種變數、設定與切換不同技巧、排序、重構及細查資料、新增或刪除維度與指標、套用篩選器和區隔，將重點放在與您最相關的資料。
此外，還可以設定用於探索的資料集，也可以匯出探索資料，和組織內外的相關人員共用，並用於其他工具。

A2 3

區隔可以和其他使用者共用，但是篩選器無法共用。
其他選項為正確敘述。

---

[9] https://support.google.com/analytics/answer/9271392
[10] https://support.google.com/analytics/answer/9443595
[11] https://support.google.com/analytics/answer/7579450

A3　2

選項 2 為錯誤敘述，事件區隔是在您網站／應用程式中觸發的事件，也包含在特定作業系統發生的 app_exception 事件。

A4　4

1. 在任意形式中，資料欄最多可設定 2 個維度，資料列最多可設定 5 個維度，進一步靈活探索資料。
2. 選擇儲存格類型時，可以選擇長條圖、純文字或是熱視圖來顯示資料。
3. 區隔建立工具可以建立使用者區隔、工作階段區隔，以及事件區隔。

A5　1

在任意形式中，指標或維度都可以作為篩選器的值。

A6　3

「探索」中的日期範圍受限於資源的資料保留設定（預設為 2 個月）。

A7　3

1. 篩選器不可以和其他使用者共用。
2. 可同時套用多個區隔。
3. 正確敘述。
4. 點擊「查看使用者」，畫面會顯示關於該使用者的詳細資訊。

A8 2

選項 2 為錯誤敘述。正確敘述應為：「使用者 ID」可以跨平台和裝置辨識使用者，進行生命週期分析。裝置 ID 是用於辨識裝置的識別方法。

A9 2

除了「任何事件」、「任何交易」和「任何轉換」之外，還可以將使用者在探索時間範圍內觸發的特定事件設定為回訪條件。根據想查看的指標，可以自訂回訪條件。

A10 4

「區隔重疊分析」技巧最多可比較 3 個區隔，如果想更進一步細察資料，可以透過篩選器來限制顯示的資料。

A11 1

2. 雖然「裝置 ID」和「串流名稱」為必要項目，且只有這兩個維度可使用。不過您可以透過新增或移除指標，進行具有彈性的分析。

3. 確認用戶從造訪到轉換的整個流程，解決阻礙轉換的問題，是使用者多層檢視分析的其中一項功能。

4. 可以套用刪選器。

第6天

探索的應用

第 6 天的學習內容
....
學會掌握探索及各個範本的用途。本章也會說明以 Google Looker Studio 替代探索的使用方式。

第 6 天是探索的應用篇

本章會介紹實務應用的方法

鈴木老師

川村老師

探索很適合製作 **Ad hoc 臨時查詢**

Ad hoc？

這是什麼意思？

Ad hoc 是一個拉丁常用短語

ad hoc

・為了特定目的的
・特設的

有這幾種意思

平常我們經常製作定期報表對吧？

2021年 6月 **定期報表**

32萬PV　離開率 28%

像這樣的報表

嗯嗯！

但如果想要確實進行**網站分析**，提高經營成效的話……

光看表面數值無法瞭解全貌

（銳利的鑽頭）

深入細察問題資料的原因，並促成改善方案，這是很重要的!!

利用「探索」就能輕鬆辦到

戒戒！

因為探索能夠逐一切換觀點，對資料進行分析。

探索的分析應用

學習探索的具體使用方法。根據目的進行靈活而具有彈性的分析，是探索的主要特色。

1-1 實際應用探索

POINT!

- 探索的優點是能夠進行 Ad hoc 臨時查詢。
- 快速驗證假設，從宏觀切換到到微觀視角，從使用者行為中挖掘洞見。

■ 探索的應用方式

完成第 5 天學習內容的各位讀者，想必已經大致瞭解探索的基本使用方法了。在第 6 天，一起來學習探索的應用方式，以及如何在實務上發揮其優勢的方法吧。

■ Ad hoc 臨時查詢

探索很適合製作「Ad hoc 臨時查詢」報表。部分讀者可能會對這個詞語感到陌生，其實 Ad hoc 臨時查詢是指「為了特定目的而製作的報表」之意。「Ad hoc」這個詞來自拉丁語，指根據目的隨機應變，不斷試錯的意思。

通常在網站分析實務中，會統計各類使用者人數、工作階段數、網頁瀏覽量等數值，製作為可監控網站營運情形的「定期報表」。

不過，如果想進行真正的「網站分析」並與業務經營成果相互連結，我們需要從正在監控現的資料中挑選出「有問題的數值」和「似乎有改善空間的數值」，然後分析這些資料背後的「原因」，並執行改善策略。

過去我們可能會使用自訂報表的表格或多層檢視，從各種角度分析資料或進行深入細查，在 GA4 中，您可以使用「探索」工具來進行相應分析。

● 按網頁標題顯示使用者人數與事件計數

以「ウェブ解析士」網站為例，按網頁標題顯示使用者人數與事件計數。

- **顯示使用者人數與事件計數**

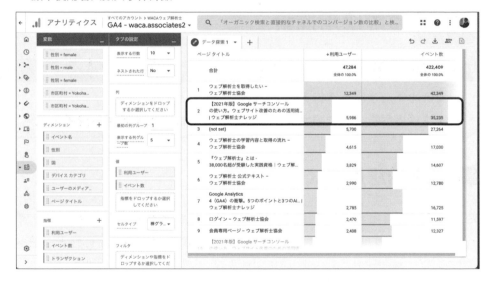

「Google サーチコンソール記事」儘管使用者人數排在第二位，但事件計數卻最多，想要查看這筆資料的話，請在此列按右鍵並選取「只包含所選項目」。

- 只包含所選項目

接著新增「裝置類別」維度，進一步細察資料。

- 新增「裝置類別」

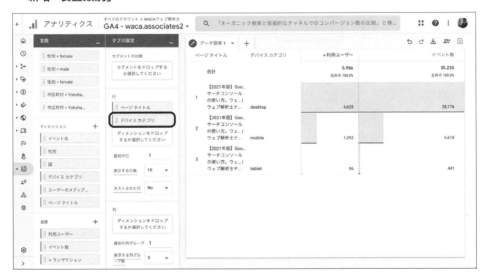

desktop 的事件數量較多，是因為此網站內容的主要客群是「網站分析師」，這群網路專業人士通常較多使用電腦，這一點符合預期。同時，我們也對 mobile 發生了哪些事件感到好奇，因此準備進一步查看詳細資訊。與之前相同，按右鍵選取「只包含所選項目」。

接著，我們在資料列中新增「事件名稱」作為維度，以便檢查已觸發事件的詳情。在下圖中，我們將「裝置類別」放在資料欄以便檢視。

第 **6** 天

1 探索的分析應用

• 將「裝置類別」放至資料欄

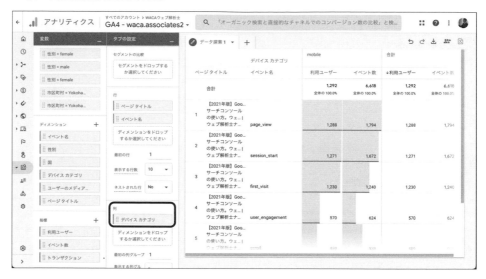

結果顯示，將行動裝置上的活躍使用者和事件數量與桌上型裝置的數值相比，兩者之間的差異並不大。

捲動、網頁瀏覽與活躍使用者數量相當，這意味著在行動裝置上，大多數人不會多次造訪或大量捲動網頁。

像這樣，**我們可以在深入細察時，靈活地運用多個維度來顯示資料。這樣的深入分析有望成為未來的主流。**

另外，如前所述，為了尋找特定事件或問題的原因等，執行臨時查詢並在分析時交替展示各種觀點，這類報表被稱為「Ad hoc 臨時查詢」報表。

■ 驗證假設‧發現問題

那麼，實際上該如何運用探索，以臨時查詢的方式來找出問題的原因呢？

首先是驗證假設。在思考問題的原因時，切勿直接訴諸資料。當然，從資料中導出答案是可行的，但資料分析存在各種視角，在缺乏假設的情況下立刻進行分析可能會導致盲人摸象式的分析，造成時間的浪費。

最重要的是，要站在使用者的立場來設立假設。同時，從整體業務或商業模式的角度出發，比較競爭對手或評價較高的網站與自家網站，思考那些地方可能讓使用者體驗不佳。這樣一來，應該就能得出許多假設。接著，針對看似有可能的假設立即進行探索分析。

例如，假設「因為畫面的易讀性不同，不同裝置類別的每工作階段的事件數可能有所不同（如果網頁更容易閱讀和操作，是否會觸發更多的捲動或點擊等明確事件？）」。接著，在「探索＞任意格式」中，將「裝置類別」設為維度，「每個工作階段的活動」設為指標。

結果發現，從桌上型電腦、手機到平板裝置，每個工作階段的活動逐漸減少。由此可以推測，網站可能存在「使用平板裝置瀏覽網站並不方便」等問題。

- **每個工作階段的活動**

接著假設「除了裝置類別之外，螢幕解析度也可能存在差異。（在特定的解析度下操作變得困難，進而導致事件數量急遽減少嗎？）」，並在維度中設定「螢幕解析度」以進行探索。

第6天

1

探索的分析應用

- **畫面解析度**

結果意外發現平板裝置排在第一位，因此我們需要確認「使用者在平板裝置上查看了哪些網頁，並觸發了哪些事件？」

將篩選器設定為「裝置類別完全符合 tablet」，並將「網頁標題」新增為維度。

- **新增「網頁標題」維度**

如此，在探索中可以根據假設不斷變更設定，並及時細察檢視資料。

在這個例子中，「tablet」和螢幕解析度「768×1024」中「公式講座：ウェブ解析士｜ウェブ解析士協会」的事件最多，因此，我們需要調查哪些事件被觸發，並與其他事件較少的網頁進行比較，以找出問題的原因。

如果捲動率較低，可能是因為該網頁的內容順序或內容存在問題。如果是點擊次數較少，則可能是該網頁對其他頁面的引導程度較弱。

實際上，還應該檢查每個工作階段的活動較少的網頁，以此確認哪些事件較少被觸發。

最後，分別在不同的實際螢幕尺寸上瀏覽，針對那些捲動率較少的網頁，應該重新審視內容及其配置，如果點擊次數較少，則可以嘗試加強該網頁的引流連結。

■ 從宏觀到微觀

探索的一大魅力在於能夠從縱覽整體網站的宏觀分析迅速過渡到針對個別使用者的微觀分析，獲得使用者行為的深入洞察。

在之前的 Google Analytics 中，可以建立特定的群組，並查看符合該群組的使用者的詳細行為（使用者多層檢視）。在 GA4 的探索中，則是能夠非常流暢地從宏觀過渡到微觀分析。

舉例來說，假設在對以大阪為商圈的 BtoB 公司進行宏觀分析的過程中，進行了區域分析，發現「不知為何來自橫濱的造訪量很多」。在這種情況下，可以在進行宏觀分析的探索畫面中，以任意形式技巧顯示「從橫濱市透過桌上型裝置造訪的使用者」。然後，按右鍵點擊此使用者群組，選取「查看使用者」，就可以立即查看只限該群組的使用者多層檢視，進而獲得針對關於此特定群組的深入分析。

- 選取「查看使用者」

此時畫面會顯示關於此使用者群組的詳細資訊。

- 該使用者群組的詳細資訊

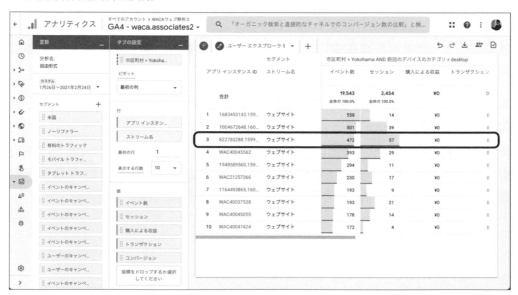

接著，檢視按事件與工作階段數排序，排在第 3 順位的使用者群組。

- 檢視第 3 位使用者的詳情

我們能夠實際查看「從橫濱市透過桌上型裝置造訪的使用者」的詳細資料。對於這個使用者群組來說，雖然造訪網站的頻率很高，但每次造訪時觸發的事件數量並不多。透過追蹤使用者群組的行動，我們可能會發現例如「他經常造訪網站來尋找與橫濱市相關的資訊，但由於沒有新的資訊被刊登，因此經常在同一網頁上離開」這樣的情況。如果存在一定數量具有這種特徵的使用者，那麼我們可以想像出具體的改進策略，比如積極刊登新的資訊或提高網頁更新頻率。

如「驗證假設‧發現問題」所解釋，網站上的許多問題都源於使用者行為。

除了進行邏輯性的資料分析之外，還需要分析使用者的情感和行動，否則無法進行真正意義上的分析。我們應該靈活地利用探索功能進行各種分析。

第
6
天

1

探索的分析應用

運用範本的案例

第 5 天認識了 GA4 所提供的各種範本，在本節學習如何靈活運用範本吧。

2-1 從案例學習如何運用範本

POINT!

- 系統提供根據不同的使用用途而預先建立的許多範本。
- 可以將範本視爲基本架構，再進行自訂，製作原創報表。

從零開始建立新的探索，是一項艱鉅的任務。因此，GA4 已經預先準備了因應不同分析目的的範本。截至 2023 年 11 月，系統提供以下 6 種類型的範本（關於這些範本的使用方法，請參考第 5 天第 3 節內容）：

- **可供使用的範本**

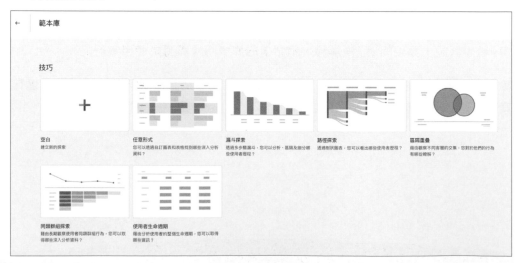

- 任意形式
- 漏斗探索
- 路徑探索
- 區隔重疊
- 同類群組探索
- 使用者生命週期

範本的優勢在於，可以將正式開始分析工作的前置作業時間大幅縮短。根據以下步驟跳至範本畫面：

1. 在左側導覽面板中選取「探索」。
2. 選取右上方的「範本庫」。

- **GA4 探索畫面**

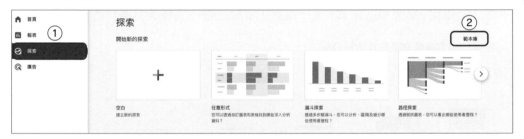

■ 案例 1：挖掘使用者漏斗模型中的改善空間

將「使用者抵達報報名申請頁」視為轉換事件的情況下，「漏斗探索」範本非常實用。

例如，假設我們將網站分析師協會網站的「學習內容」瀏覽→「考試時間表」確認→「考試／研討會報名完成」設定為漏斗探索的步驟。在這種情況下，我們首先在漏斗探索範本中新增這些步驟，然後進行自訂。

- 利用漏斗探索範本進行自訂

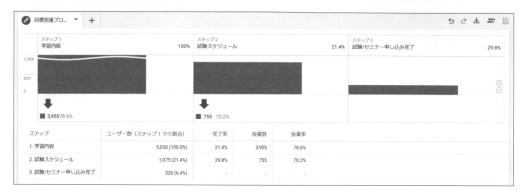

為了增加轉換，僅憑範本上顯示的資料並不足夠。這時可透過向範本中新增或替換視角，重複進行分析，尋找新的發現。

下圖中新增了「裝置類別差異」這一維度，嘗試分析不同裝置對資料的影響。

- 在區隔設定各裝置類別並進行分析

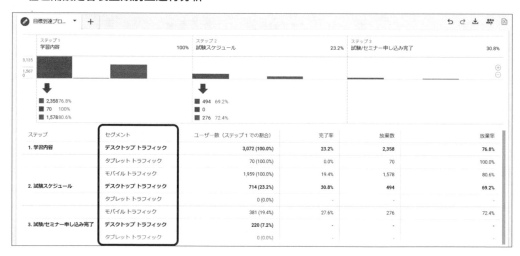

在新增裝置類別區隔之後，就能檢視不同裝置類別的完成率、放棄數和放棄率。如果在這裡找到具有代表性的資料，可以對該筆資料按右鍵，進一步獲得更詳細的資訊。

當然，並非次次都能發現有價值的資訊。但是，只要事先準備好這個範本，下一次想從另一個視角（維度）進行分析時，就有現成的、已填入各步驟的使用者漏斗模型，因此能夠輕鬆地開始分析。

■ 案例 2：分析抵達關鍵網頁的使用者路徑

運用「路徑探索」技巧，就能精確掌握使用者在查看特定網頁的先前及後續活動。 例如，透過掌握在完成交易頁／確認頁的前一個網頁，就能了解「使用者在什麼時機想要進行進一步洽詢或下載資料」，也就是掌握「令使用者感興趣的時刻」，進而確認對網站而言相當重要的網頁排名。

在路徑探索中，選擇「終點」並從節點類型中選擇「網頁標題和畫面」，然後選擇欲檢視的網頁。你可以建立以下類型的分析。路徑可向前或向後延伸至多個網頁。

- 利用路徑探索，揣摩使用者心理與行為

■ 案例 3：將網站訪客分類為群組

使用者出於各式各樣的原因造訪網站。例如，以擁有實體店面的電商網站為例，使用者造訪網站的可能原因包括「正在考慮去店裡購物」、「在線上網站先逛逛」或是「考慮線上購入商品」等。

若要確認網站訪客所佔比例，或查看不同獲客類型之比例，則第 5 天介紹的「區隔」功能非常實用。然而，令同一位使用者造訪網站的原因不一定只有一個。某些使用者可能會「在線上網站先逛逛，考慮購入商品」，或者「去過實體店後，最後考慮在線上購物」。

想要把握這些多重顧客需求，使用「區隔重疊」這一範本將非常方便。

- **在區隔重疊探索中將使用者歸納為特定群組，掌握多種需求**

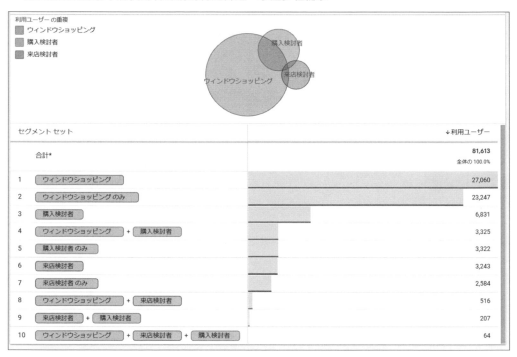

在設定區隔條件時，可以使用特定網頁群組的瀏覽等作為條件。

例如，在上圖中，可以看出「在線上網站先逛逛」的客層是最多的。此外，在比對區隔重疊情形時，「考慮購買者」和「在線上網站先逛逛」的組合較多（第 4 名：3,325 人），而「在線上網站先逛逛」和「考慮逛實體店者」較少（第 8 名：516人）。這表明，在線上網站先逛逛的人更適合在線上網站上購買商品，而不是到實體店購物。

■ 範本的自訂設定

您可以對範本進行編輯並自訂設定。例如，可以從「任意形式」的範本開始分析，然後透過新增新的分頁，在同一份探索報表中加入如「路徑探索」等不同技巧。

添加變數或向技巧添加資料的過程，與一般的分析報表建立和編輯方式相同。分析資料的匯出方式也相同。

如果您對範本進行自訂設定，請最後確認分析名稱。探索名稱將顯示為您之前所選定的範本名稱。如果透過自訂添加了新的技巧，則可以修改此探索的名稱，以便如實反映報表的分析內容。

■ 參考

如第 4 天內容（p.233）所述，範本庫中提供了按「用途」和「產業」分類的數個範本。不同於按探索技巧劃分的範本，這兩個分類內的範本結合了多種探索技巧（每種探索技巧以不同的分頁顯示）。

這些按「用途」和「產業」分類的範本可以被視為 GA4 的推薦案例，當您不確定應該建立哪種分析時，不妨參考這些範本。

第 **6** 天

2 運用範本的案例

3 Google Looker Studio

Google Looker Studio 可以替代「探索」，運用此工具，可以免費建立更具彈性的報表。

3-1 以 Google Looker Studio 替代探索

POINT!

- Looker Studio 是 Google 提供的免費資料視覺化工具。
- Looker Studio 可以呈現探索中不支援的圖表或視覺設計。
- 根據不同的分析需求，靈活運用 GA4 探索與 Google Looker Studio。

■ Google Looker Studio

除了「探索」之外，還可以使用 Google Looker Studio。

Google Looker Studio 是 Google 提供的免費資訊主頁和資料視覺化製作工具（譯注：前身為 Google Data Portal）。它可以整合 Google Analytics 和各種廣告資料等多種資料，將不同的資料進行對比，並透過表格或圖表等方式視覺化呈現，以清晰易懂的方式彙總資訊。

如果工具提供了連接器（連結 Google Looker Studio 和工具的功能），則可以將其與 Google Looker Studio 連結並將資料製作成資訊主頁。這樣做可以自動化資料的擷取、更新和報表製作工作，進而減少日常工作量。

探索與 Google Looker Studio 的區別

「探索」是取代了通用分析的「自訂報表」的功能。探索並不具備共同編輯功能,且共享功能僅限於畫面分享,因此更適合個人進行即時查詢分析。

相比之下,Google Looker Studio 則具有豐富的共享功能,並允許多人共同編輯,這是其一大特色。Google 分析擁有許多功能,要熟練運用需要一定的知識。但是,如果事先決定好要追蹤的資料,並**在 Google Looker Studio 上建立資訊主頁,則可以無須讓相關人員操作 Google 分析的管理介面,就能輕鬆共享資訊。**

此外,Google Looker Studio 還能使用探索無法呈現的圖表和設計,因此提供了比探索更多元的視覺化可能性。

GA4 和 Google Looker Studio 的連結方法

試著連結 GA4 和 Google Looker Studio。

① 登入 Google Looker Studio。點選管理頁左上角的「建立」,然後選取「資料來源」。

• 選擇資料來源

② 畫面將顯示可供連結的工具，請點選「Google Analytics（分析）」。

• 按一下 Google Analytics（分析）

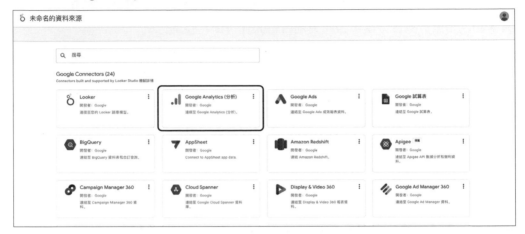

③ 選擇報表欲使用的「帳戶」與「(GA4) 資源」，點選「連結」。

※ 需要擁有該資源的「顯示和分析」以上的權限。

• 選擇帳戶與資源

④ 畫面上會顯示被加入的欄位（維度和指標）。如果想要更改資料來源的名稱，請點擊左上角的資源名稱部分進行編輯。點擊右上方的「建立報告」後，GA4 與 Google Looker Studio 的連結就完成了。

- **將 GA4 連結 Google Looker Studio**

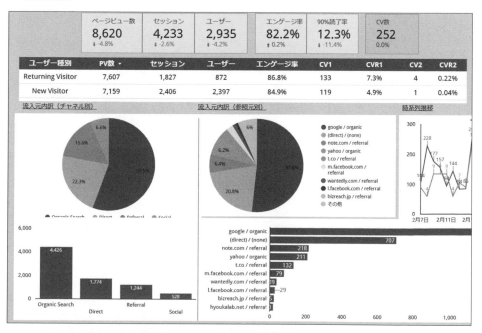

連接後使用 Google Looker Studio 的方法，與此前的 Google 分析並無不同。您可以自由新增表格或圖表，建立營運報表。

例如，可以建立如下圖一樣匯總了多個指標的報表。

- **報表範例**

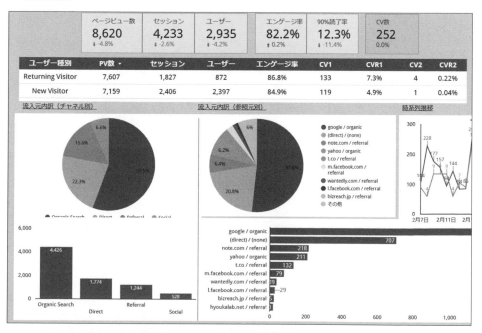

截至目前為止，Google Looker Studio 和探索並不能取用 GA4 中所有資料，可用的維度和指標有所限制。若要進行更深入的分析，需要進階的專業知識。此外，也可以考慮引入 Google BigQuery。

在使用 Google Looker Studio 時，請先決定分析需求，然後選擇以下功能：

- 如欲查看整體資料，請使用「使用者・生命週期」報表
- 如欲進行臨時查詢，請運用「探索」
- 如欲建立營運報表，可選擇 Google Looker Studio
- 進行深入分析，則可使用 Google BigQuery（請參考第 7 天內容）

第 6 天的總整理

問　題

Q1

以下關於探索的敘述，何者為誤？

1. 可以輕鬆設定各種資料探索技巧，並且輕鬆切換顯示方式。
2. 透過逐步深入挖掘資料的範圍，可以進行更詳細的統計。
3. 可以輕鬆新增或刪除維度和指標，並選擇觀察的重點。
4. 可以接收機器學習所提供的關於使用者行為的詳細洞見。

Q2

在使用探索功能時，下列何者為正確組合？

A. 在任意形式中，可建立性別 × 年齡的圓環圖並進行分析。
B. 查看特定廣告活動中，來自行動裝置的使用者之詳細行為（使用者多層檢視）。
C. 建立按裝置類別分類的每日折線圖，並檢查異常檢測資料。
D. 在區隔重疊中檢查桌上型裝置、行動裝置和平板裝置的重疊部分，並查看同時使用桌上型裝置和行動裝置的使用者詳細行為（使用者多層檢視）。

1. A 和 B
2. A、C 和 D
3. A、B 和 D
4. 以上皆是

Q3 以下關於探索的技巧，何者與其分析目的並不相符？

1. 調查購買過程中，用戶在哪個環節離開最多：「漏斗探索」
2. 靈活查詢各渠道的直接離開率和新用戶率，發現問題：「自由形式」
3. 每天發布的博客文章，查詢哪些吸引了重複訪問者：「群體探索」
4. 想逐一調查購買過商品的人在網站內的行為：「路徑探索」

Q4 以下關於探索的技巧，何者的使用說明與目的相符？

1. 「路徑探索」：了解最初透過廣告吸引的使用者之後回訪的頻率以及對收益的貢獻。
2. 「使用者生命週期」：調查在行動裝置上的使用者、新使用者和觸發轉換的使用者之間有多少重疊。
3. 「區隔重疊」：了解透過社群媒體來訪的使用者首先瀏覽了哪個著陸頁，然後造訪了哪些其他網頁。
4. 「使用者多層檢視」：逐一調查在資料請求表單中離開的使用者之詳細行為。

Q5 關於探索技巧及範本設定及自訂方式，何者正確？

1. 雖然範本庫中準備了各種探索範本，但是這些範本無法進行自訂。
2. 範本庫提供了按照不同目的，如技巧、用途、產業等而準備的各種模板。
3. 透過資產共用，可以共享範本資料。
4. 使用探索中的「與其他用戶共享」功能，可以指定想要分享的用戶並共用分析結果。

Q6 關於探索技巧的範本，請選出符合分析目的正確範本。

1. 當需要在團隊內運用圖表和表格，以清楚易懂的方式共享網站狀況時，可以使用「任意形式」範本。
2. 當需要個別確認使用者採取了哪些行為時，可使用「使用者生命週期」範本。
3. 當需要確認使用者從廣告著陸頁開始採取了哪些行動路徑時，可使用「同類群組探索」。
4. 當需要檢測使用者在購買過程中偏離預設步驟的網頁時，可以使用「區隔重疊」。

Q7 在探索的模板庫中，最適合檢視「新使用者打開首頁後接著造訪的最熱門網頁」這一分析需求的模板是：

1. 漏斗探索
2. 路徑探索
3. 同類群組探索
4. 使用者生命週期

Q8 在以下選項中，何者最適合使用「區隔重疊」模板？

1. 使用折線圖進行異常檢測，以確定資料的異常值。
2. 快速確認潛在顧客如何變成購物者，然後轉換成購買者。
3. 根據複雜條件區分特定使用者，或進一步細分並理解這些使用者。
4. 視覺化捕捉使用者在瀏覽頁面和事件發生時的行為路徑。

Q9 以下關於使用探索範本的目的之敘述，何者正確？

1. 使用範本的目的是提供「任意形式」、「漏斗探索」、「路徑探索」等各種僅限範本可用之技巧。

2. 當不確定應該分析什麼或如何分析時，可以利用「用途」或「產業」中所提供的範本。

3. 範本中已經準備好了所有分析所需技巧，無須進行自訂設定。

4. 使用範本的目的是為了在團隊內部共用資訊及使溝通更加順暢。

Q10 以下關於使用 Google Looker Studio 替代探索的敘述，何者為誤？

1. 將 GA4 連結到 Google Looker Studio 需要 GA4 資源的「顯示和分析」以上的權限。

2. 如欲查看 Google Looker Studio 的資訊主頁，需要先開啟 Google Analytics 的管理介面。

3. 透過連接器連結 Google Looker Studio 與工具，Google Looker Studio 就能自動取得資料。

4. Google Looker Studio 可以使用探索中沒有的圖表和設計。

Q11 在以下情境中，何者最不適合使用 Google Looker Studio 替代探索？

1. 決定好要追蹤的資料，並希望即時與相關人員共享資訊。

2. 客戶希望對資料進行臨時查詢分析。

3. 在製作報表時希望對圖表和表格的排列、大小進行細微調整。

4. 希望結合 GA4 資料和 Google 試算表中的資料來製作報表。

解 答

A1   4

GA4 的機器學習可以預測客戶未來可能採取的行動，例如預測取消訂閱率，這讓過去難以分析的轉換之後續行動成為可分析的項目。[1] 然而，截至目前，探索中還沒有整合機器學習並建立報表的功能。

A2   4

全部都是正確敘述。

A3   4

當您想要逐一檢視每位已購買商品的人在網站內的行為時，使用者多層檢視會比路徑探索更加方便。雖然這兩者功能相似，但使用者多層檢視的優勢在於能夠了解每位個別使用者的行為。

A4   4

在使用探索時，應根據目的選擇合適的使用方法。以下是 1 至 3 的分析技巧之說明：

1. 使用者生命週期
2. 區隔重疊
3. 路徑探索

---

[1] https://www.waca.associates/jp/knowledge/50546/#index_id3

A5　2

1.　可以自訂設定。

3.　探索中不存在共用資產功能。

4.　分析結果將與所有使用者共用，無法指定共用對象。

A6　1

「任意形式」範本在使用圖表或表格來整理資料時非常便利。選項 2、3、4 的出現的範本名稱並不適合各自目的，因此為誤，正確範本如下所示：

2.　使用者多層檢視

3.　路徑探索

4.　漏斗探索

A7　2

最適合找出「新使用者打開首頁後接著造訪的最熱門網頁」的技巧是「路徑探索」，透過樹狀圖來檢視使用者的移動路徑[2]。路徑探索技巧可以幫助您以特定事件或網頁為基準，回溯分析使用者抵達該節點之前的路徑。

A8　3

「區隔重疊」可以設定最多 3 個使用者區隔，並以視覺化的方式顯示這些區隔之間的重疊情形[3]。這個方法在根據條件劃分特定使用者時非常實用。

※2 https://support.google.com/analytics/answer/9317498

※3 https://support.google.com/analytics/answer/9328055

選項 1 為「任意形式」[4]，選項 2 為「漏斗探索」[5]，選項 4 為「路徑探索」[6] 之說明。

A9 2

由於範本中已經事先編輯了變數及設定，因此當不確定該如何進行分析時，可以利用範本來獲得靈感。範本並非包含獨特的分析方法，也不保證具備所有必需的分析技巧。在一開始，會建議您先使用範本，隨著您越來越熟悉後可以進行自訂，拓展分析的深度。團隊內的資訊共享和傳遞與使用範本與否並無關聯。

1. 不存在僅限範本可用的技巧。
3. 可針對分析所需資訊，對範本進行自訂。
4. 團隊內的資訊共享和傳遞與使用範本與否並無直接關聯。

A10 2

選項 2 為錯誤敘述。Google Looker Studio 透過連結器連結 GA4 後就能自動化擷取資料，在瀏覽其資訊主頁時，不需要開啟 GA4 的管理頁面。

A11 2

Google Looker Studio 能夠建立易於解讀的資訊主頁，擁有豐富的圖表和設計選項，但這也意味著其構建過程可能需要更多時間。如果目的是讓個人能夠隨時隨地進行靈活的即時查詢分析，那麼使用探索可能會更為合適。

---

[4] https://support.google.com/analytics/answer/9327972

[5] https://support.google.com/analytics/answer/9327974

[6] https://support.google.com/analytics/answer/9317498

第**7**天

收集與確認額外資料的方法

第 7 天的學習內容

您可以向 GA4 傳送額外資料，進行獨立分析。本章說明您可以新增哪些額外資料，以及活用這些資料的方式。

終於來到最後一天了！
讀到這裡的你非常優秀！

太好了 !!

木田老師

對網站訪客
進行分析時

不只收集 90% 捲動率，
如果也能測量 50%
捲動率的資料
就好了⋯⋯

除此之外，
如果還能收集到
其他這類資料
就好了⋯⋯

是不是曾出現
這類想法呢？

可以運用 Google
代碼管理工具，
設定個別事件。

嗯哼

最適合初學者看的
推薦書籍！
GA4

代碼

自訂事件
Scroll 50

當網頁
被捲動到
50% 的位置

使用者

觸發條件

本章節也會介紹

如何取得
站內搜尋的
關鍵字資料、

KSF

以及如何向
BigQuery 傳送
資料，用 SQL
進行分析等等

能夠瞬間
提升實力的
豐富內容 !!

一起動手
實踐看看吧

1 收集額外資料

在 GA4 中，您可以新增額外資料並加入到預設收集項目，進行更豐富多樣的分析。本節以 Google 提供的工具為主軸，介紹收集額外資料的方法。

1-1 理解額外資料

POINT!
- GA4 擁有增加額外資料的功能
- 額外資料的好處是能夠促成更加豐富的分析

■ 什麼是額外資料

雖然沒有嚴格的定義，所謂的「額外資料」指的是在 GA4 的瀏覽器畫面的設定中無法取得的「其他」資料。

例如「站內搜尋」功能，雖然可以在管理頁面的「加強型評估功能」中設定，但有時候還需要進行額外的設定，而且這些資料通常不包含在事先提供的標準報表中，因此本章節將對此進行詳細解說。

■ 收集額外資料的好處

在 GA4 中，透過利用 **Google 代碼管理工具**（以下簡稱 GTM）來取得額外資料，可以進行更加豐富多樣的分析。例如，透過在 GTM 中新增代碼，除了系統預設的**加強型評估功能**之一的「捲動率達 90%」以外，您還可以更精確地了解各個頁面的捲

動情況。這樣可以了解網站訪客是否確實瀏覽到您希望他們看到的頁面底部內容或是在中途就離開網頁,進而妥善評估與改善網頁內容的設計。

此外,透過蒐集自家網站上被搜尋的關鍵字,可以了解訪客正在尋找的資訊趨勢,以及對訪客來說難以發現、被埋在網站中的內容趨勢,藉此提升網站的易用性及便利性。您還可以透過額外資料,掌握使用者的登入狀態、查看他們瀏覽的各個頁面,這對於設計會員專屬內容非常有價值。

本章節將解說 GTM 的基本使用方法以及如何將資料傳遞給 GA4。此外,還會介紹如何連結 Google BigQuery,這是一個廣受好評的大數據分析工具。

▓ 本書介紹的額外資料

本書將以下資料視為額外資料進行處理:

1. 透過向 Google 代碼管理工具新增代碼而獲得的額外資料
   - 新增事件
   - 新增使用者屬性
2. 透過指定參數而獲得的站內搜尋查詢資料
3. 匯出至 Google BigQuery 的資料

2 向 Google 代碼管理工具新增代碼而獲得的額外資料

運用 Google 代碼管理工具，您可以獲得可用於 GA4 並取得洞察所需的額外資料[1]。

在本節中，我們將學習從取得網頁捲動百分比和使用者 ID，到確認這些資料的步驟。

2-1 對 GTM 新增設定、收集額外資料

> **POINT!**
> - GTM 的 3 大構成要素為代碼、觸發條件及變數
> - 在 GTM 中設定代碼、觸發條件及變數的方法

■ GTM 的主要構成要素（代數、觸發條件、變數）

Google 代碼管理工具（GTM）是由「代碼」、「觸發條件」和「變數」這 3 大要素組成並針對各項進行相關設定。

「代碼」是安插到網站中的程式碼，透過進入網站的訪客載入瀏覽器而開始運作。設定「代碼」的方法大致可分為兩種：直接編寫 JavaScript，或是使用事先準備好的「預設代碼」。

※1 關於 GTM 的標準設定，請參考第 2 天的 2-2 節

「觸發條件」是指定當哪些條件被觸發時開始執行代碼。啟動代碼的動作被稱為「點火」(在英文中也稱為「Tags Fired」)。您可以對所有頁面設定觸發條件,或僅在頁面內的特定元素被點擊時、或當網頁被捲動到任意深度時觸發代碼。

「變數」是指由代碼獲取並傳送到 Google Analytics 的值。從電商購買完成頁的 HTML 獲取的銷售資訊、從 Cookie 獲取的使用者狀態等等,都是典型的「變數」。傳送到 Google Analytics 的「變數」可用於分析。

■ 投入 GTM 中新增的代碼

以第 2 天的「使用 Google 代碼管理工具的初始設定」一節為例,我們可以在 Google Analytics(分析)的代碼設定中,透過 Google 代碼管理工具(GTM)新增更多代碼。

想要設定新的代碼,首先從左側選單中選擇「代碼」,然後點擊顯示在代碼選單右上角的「新增」按鈕。點擊螢幕左上角的「未命名代碼」來為代碼命名。此外,您可以選擇「代碼設定」區域,來決定代碼的類型。

- **建立新的代碼**

- **代碼名稱及基本代碼類型**

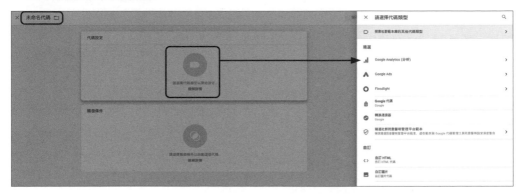

代碼類型中包含了許多範本，這些範本是為了與包含 GA4 在內的網站分析、廣告、A/B 測試等多樣化服務進行串連而設計的。因為是預先準備好的代碼，因此這些範本也被稱為「預設代碼」。

選定好範本後，就無須自行撰寫 JavaScript 程式碼，可以相對容易地將「變數」傳送至 Google 分析、Google 廣告等服務。

完成選擇代碼後，下一步就是設定「觸發條件」。觸發條件可以在「代碼設定」下方的「觸發條件」中進行設定。如果事先已經建立了觸發條件，則此處會顯示一個清單。如果想設定新的觸發條件，則可以點擊右上角的「+」按鈕，方法與設定代碼相似，請從中選擇觸發條件的類型。

- **點擊右上角的「+」按鈕，設定新的觸發條件**

觸發條件的類型涵蓋多種模式，例如在網頁顯示時觸發的「網頁瀏覽」，或在 HTML 載入完成並且文件物件模型（DOM）可供解析時觸發的「DOM 就緒」等。相反地，如果有不希望觸發代碼的情況，也可以新增例外項目來進行排除。

- **在「網頁瀏覽」一類內還有更細分的觸發條件類型**

設定好代碼名稱、代碼類型及觸發條件後，請點選「儲存」。

2-2 新增並蒐集自訂事件

> **POINT!**
> - 新增並取得「捲動率達 50%」自訂事件
> - 設定與確認的方法

■ 什麼是自訂事件

在 GA4 中系統會自動收集部分事件 ※2※3。另一方面，除了這些事件之外，使用者還可以自行新增其他事件，本節將其稱為「自訂事件」。

為自訂事件命名，基本上沒有特殊限制，但如果 Google 已經將您欲設定的事件定義為「建議事件」※4，建議您沿用 Google 建議的事件名稱。

● 自訂事件的收集

以下介紹如何利用代碼和觸發條件來收集自訂事件的設定實例。設定分為以下 3 個步驟：

1. 決定並設定觸發條件的名稱。
2. 完成代碼設定並發布，開始收集資料。
3. 在 GA4 中確認收集情形。

此處的設定條件是「當網頁被捲動達 50% 時，傳送屬性為 percent_scrolled=50 的 scroll 事件」。

1. 決定並設定觸發條件的名稱

首先，先決定觸發條件的名稱。此處設定為「GA4 -Event - scroll50」。接著，在「觸發條件類型」中選擇「捲動頁數」。

※2 請參考本書第 2 天第 3 節關於「事件」的內容。
※3 事件的官方說明：https://support.google.com/analytics/answer/9234069
※4 建議事件的官方說明：https://support.google.com/analytics/answer/9267735

- 選擇「捲動頁數」

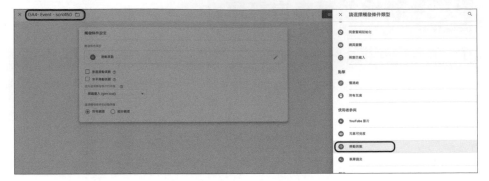

您可以勾選「垂直捲動」或「水平捲動」。在這個例子中，我們想要收集的是「垂直捲動頁數」。點選「百分比」並在輸入「50」，即可完成設定。

接著，我們需要指定「啟用這項觸發條件的時機」。從下拉式選單中選擇「視窗載入 (gtm.load)」，並選擇「所有網頁」，然後點選「儲存」。這樣就完成了啟動事件所需的觸發條件設定。

- 「網頁捲動率達 50%」的設定詳情

2. 完成代碼設定並發布，開始收集資料

接續觸發條件的設定，接著我們來設定代碼。本書將代碼名稱命名為「GA4 - Custom Event - scroll50」。在新增代碼頁面中，執行下列設定。

> 代碼類型：Google Analytics（分析）：GA4 事件
>
> 評估 ID：GA4 - Basic Analytics - website[5]
>
> 事件名稱：scroll

接著設定事件的參數。請按照 key（名稱）－value（值）規則，設定事件參數之名稱與值。本例之設定如下：

> 參數名稱：percent_scrolled
>
> 值：50

如此一來，就建立好自訂參數，可以向 GA4 傳送相關資訊。

在「觸發條件」區塊，請選擇剛才建立好的「GA4 -Event - scroll50」。透過預覽畫面確認代碼可正常運作後，提交並發布您建立的工作區，使代碼正式上線，在生產環境中運行。

- **代碼設定項目**

※5 在您的環境中可能會有不同的名稱。請不要受限於具體名稱，直接指定「GA4 設定」代碼即可。

3. 在 GA4 中確認收集情形

發布代碼之後，讓我們到 GA4 中檢查資料的收集情形。首先，從左側導覽頁中選擇「參與」選單下的「事件」。

- **在 GA4 中確認**

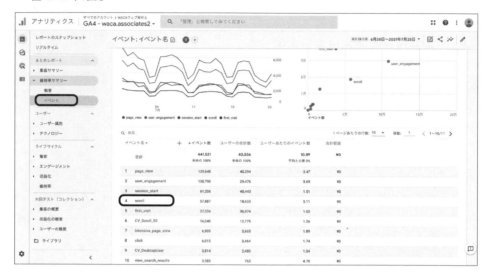

然後，您可以在事件名稱中查看本例所設定的「scroll」事件。按一下「scroll」，顯示 scroll 事件的詳細資訊頁面，可以看見設定為「PERCENT_SCROLLED」的參數名稱。在這個例子中，除了 50%，還設定了 25%、75%、90% 等代碼，因此可以輕鬆確認在使用者哪些時機發生移動或離開網頁。

- **點選「scroll」以確認詳情**

PERCENT_SCROLLED		
カスタム パラメータ	イベント数	ユーザーの合計数
（合計）4 個	5.9万	2万
25	2.5万	1.9万
50	1.6万	1.3万
75	8,970	6,982
90	8,744	6,550

2-3 新增並蒐集自訂使用者屬性

POINT!

- 使用者屬性是用來描述使用者的屬性或固定值
- 可自動收集的使用者屬性包含性別或年齡
- 收集並確認自訂使用者屬性之一的 User-ID
- 使用 User-ID 來辨識使用者的設定方法

■ 什麼是使用者屬性 [6]

在 GA4 中,「使用者屬性」是指儲存每位使用者之屬性的自訂維度。在 GA4 中,年齡、裝置類別等部分使用者屬性會由系統自動收集。

如果想收集會員編號、會員狀態等自行設定以使用者為範圍的資料,您可以新增最多 25 個使用者屬性。在這種情況下,您需要在 Google 代碼管理工具中進行設定。

■ 自動收集的使用者屬性

GA4 中有一些系統自動收集的使用者屬性,常見項目如下表(※ 節選)[7]:

性別	使用者性別(男性或女性)。
年齡	使用者年齡層:18-24 歲、25-34 歲、35-44 歲、45-54 歲、55-64 歲和 65 歲以上。
國家/地區	使用者活動的來源國家/地區。
語言	裝置作業系統的語言設定(例如 en-us)。
裝置類別	行動裝置的類別(例如手機或平板電腦)。
興趣	使用者興趣(例如藝術與娛樂、遊戲、運動)。

※6 https://support.google.com/analytics/answer/9355671

※7 https://support.google.com/analytics/answer/9268042
此說明頁中出現的「使用者維度」,意同「使用者屬性」。

第 **7** 天

2 向 Google 代碼管理工具新增代碼而獲得的額外資料

■ 取得 User-ID[8]

User-ID 是用來識別每一位不重複使用者的 ID。以擁有會員註冊系統的網站而言，會員號碼即可作為 User-ID。將 User-ID 記錄在 GA4 中，以便在各種平台和裝置上連結使用者行為，進而分析每位使用者的個別行動。

User-ID 需要在 GA4 和 GTM 兩者中進行設定。整體流程如下：

1. 在 GA4 端新增自訂維度。
2. 在 GTM 中新增代碼，並傳送名為 user-id 的變數。

以下舉例說明如何將會員號碼作為 User-ID，以 user_id 這個變數名稱傳送到 GA4，並作為 GA4 的 User-ID 識別符。

● 在 GA4 中建立自訂維度

登入 GA4 後，請執行以下操作：

1. 點選左側導覽頁，按一下「自訂定義」。
2. 點選「建立自訂定義」。
3. 在「維度名稱」輸入 user_id，在「範圍」選取「使用者」，在「使用者屬性」輸入 user_id。

- **自訂維度的設定頁**

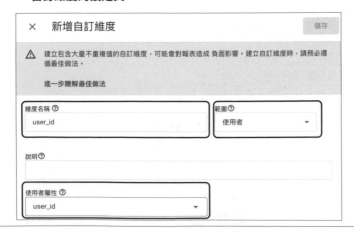

※8　https://support.google.com/analytics/answer/9213390

● 在 GTM 中新增代碼，並傳送名為 user-id 的變數

接下來，在 GTM 進行設定。請開啟與欲傳送資料之 GA4 資源對應的 GTM 容器，並執行以下操作：

1. 從網站的系統端將會員編號寫入到瀏覽器端（例如 HTML 或 Cookie），然後在 GTM 中設置將該值儲存為「變數」（會員編號的取得方法因網站規範而異。建議您諮詢系統負責人 [9]）。

2. 接著，為了將步驟 1 中設置的「變數」傳送到 GA4，需要對「GA4 設定代碼」進行額外設置。選擇相應 GA4 資源之設定代碼，在「屬性名稱」欄位中輸入在 GA4 端新增的自訂維度「user_id」。在「值」欄位選擇步驟 1 所設置的、儲存了會員編號的變數（請參考以下截圖）。

- **GA4 設定代碼之編輯頁面（GTM）**

第7天

2 向 Google 代碼管理工具新增代碼而獲得的額外資料

※9 官方說明：https://support.google.com/tagmanager/answer/6164391

3. 完成上述設定後，請提交發布。透過 GA4 的「即時報表」確認系統是否正確收集會員編號之資料。

- **GA4 即時報表頁面**

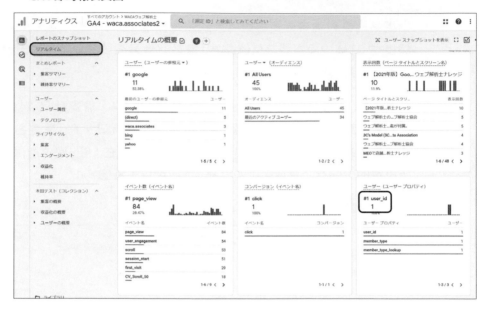

2-4 設定使用者識別方法

POINT!

- GA4 有 2 種使用者識別方法
- 收集 User-ID 來識別使用者
- 將收集到的 User-ID 用於報表的方法

■ GA4 有 2 種使用者識別方式 [※10]

在 GA4 中,用於識別用戶的方式有以下兩種選項。特別是在像本節解說的情況下,如果收集 User-ID,那麼將能更準確地識別使用者身分,因此建議使用「評估 User ID、Google 信號和裝置 ID」的選項。

- **依據 User-ID、Google 信號和裝置 ID**
  視情況依序使用 User-ID、Google 信號和裝置 ID。此選項會先收集使用 User-ID,如未收集到任何 User-ID,Analytics(分析)便會採用可用 Google 信號收集到的資訊。要是沒有 User-ID,也沒有 Google 信號資訊,Analytics(分析)會使用裝置 ID。

- **依據裝置**
  不使用 User-ID 或 Google 信號,只使用 Cookie 或裝置 ID 來識別使用者。

■ 設定報表識別資訊

為報表設定使用者識別方式的流程如下:

1. 在「管理」頁面的「資料顯示」下方,按一下「報表識別資訊」。
2. 選取您要使用的報表識別資訊。
3. 按一下「儲存」。

※10 https://support.google.com/analytics/answer/9213390

第 **7** 天

2 向 Google 代碼管理工具新增代碼而獲得的額外資料

• 報表識別資訊設定頁面

■ User-ID 報表的運用方式

從「探索」選單開啟一份探索報表，在「維度」中新增「user_id」，這樣就可以將 User-ID 作為一個維度來使用（關於探索的使用方法，請參考第 5 天的內容）。如下一頁所示，您可以按 user_id 檢視使用者在網站中的行為。

這樣就能對每一位使用者進行識別，並評估他們在網站上的行為。收集並分析 User-ID 有助於理解使用者在跨裝置和不同工作階段中的行為模式以及他們瀏覽的內容趨勢。

如果您經營著具有會員登錄功能的網站，如果能積極善用這一功能，就能制定出更加貼近使用者的策略。

- **運用 user_id 的探索報表示例**

2-5 總整理

相較於通用 Analytics（分析），GA4 系統預設收集的使用者互動類型大幅增加了。此外，透過如本節所介紹的「自訂事件」和「使用者屬性」的收集，可以更詳細地取得使用者在網站內的行為模式以及會員編號等網站使用者的屬性。妥善運用這些寶貴資料，對網站進行改進，以利實現網站目標。

資料的運用方式好比將報表聚焦於探索「非會員」，也就是那些即將成為會員的網站使用者，這時可以透過分析 50% 滾動率和 90% 滾動率來檢視這些使用者仔細瀏覽過的網頁，以及沒有瀏覽哪些網頁，進而確認「（網站）想傳達的資訊是否已經成功傳達」。

3 收集站內搜尋的查詢資料

站內搜尋查詢（於網站內搜尋的關鍵字）可以作為推測使用者造訪網站目的的線索。如果您的公司網站使用的查詢參數不是由「加強型評估功能」所支援，本節將解釋在這種情況下的設定方法以及如何在報表中進行確認。

3-1 收集查詢資料的規範與設定

> **POINT!**
>
> - 根據預設，網址內包含 q, s, search, query, keyword 等任一查詢參數時，系統就會自動收集站內搜尋事件。
> - 除了上述查詢參數之外，如欲使用其他參數，則需要進行額外設定。

■ 在「資料串流」中設定

您可於「資料串流」註冊站內搜尋參數及確認相關設定。

• 資料串流頁面

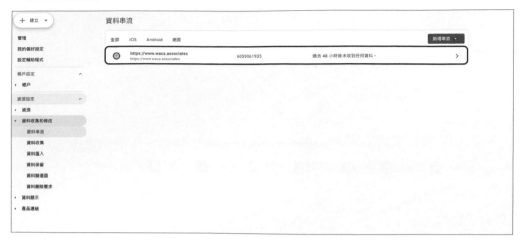

站內搜尋查詢的格式規範

系統自動設定的站內搜尋參數包括「q, s, search, query, keyword」等 5 個參數。關於參數的相關規範，請參考以下的說明。此外，如果想要確認自家網站的站內搜尋是否使用了這 5 個參數以外的其他參數，請參考下一頁的「查詢參數的確認方法」。如果需要註冊參數，請參考後面的「查詢參數的註冊方法」，來新增相應參數。

> ### 站內搜尋查詢的參數格式規範
> - 最多可新增 10 個參數。
> - 以半形逗號分隔。
> - 系統會依參數出現的順序優先處理。
> - 具體而言，系統只會處理第一個相符參數 [※]。
> - 參數不區分大小寫。

※ 如果參數設定為「q,s」，而站內搜尋結果頁面的 URL 假設為「search_results/?q= 網頁分析師 &s= 東京」，那麼在搜尋查詢的 search_term 維度中，只會反映第一個出現的「網頁分析師」。

您可以在「資料串流詳情」的「加強型評估功能」內查看「站內搜尋」設定。

第 7 天

3 收集站內搜尋的查詢資料

- 資料串流詳情

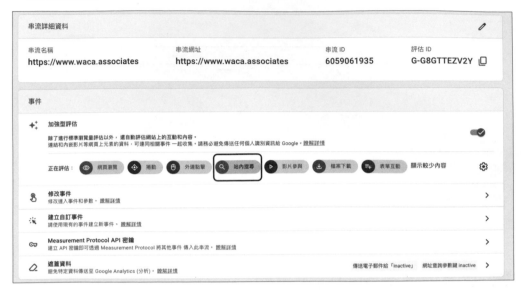

查詢參數的確認方法

例如，如果在使用 WordPress 外掛程式實現搜尋功能的情況下，根據不同目標網站的測量方式，可能會使用除了自動設定的 q, s, search, query, keyword 之外的其他查詢參數。此時就需要自行註冊查詢參數。

為了確認設定 GA4 的網站在站內搜尋中使用了哪些參數，您可以在搜尋框中輸入參數本身以進行搜尋，並從瀏覽器的 URL 欄進行確認。如果站內搜尋結果頁面的 URL 出現「參數＝站內搜尋查詢」的字串，則需要設定該「參數」。

- 站內搜尋結果頁面與 URL

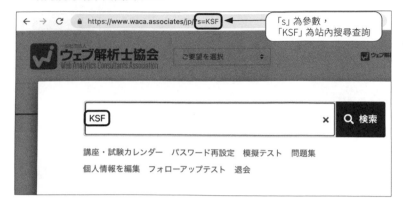

查詢參數的註冊方法

在「網頁串流詳情」頁面點擊「加強型事件評估」的齒輪圖示，開啟選單，然後點擊站內搜尋下的「顯示進階設定」，就可以顯示用於確認或變更設定的介面。如果需要進行更改，別忘了點擊「儲存」按鈕。

- 網頁串流詳情

- 確認或新增參數

× **加強型評估**　　　　　　　　　　　　　　　　[儲存]

👁 **網頁瀏覽**
每次載入網頁，或是網站變更瀏覽器記錄狀態，即記錄一次網頁瀏覽事件。(選擇性) 在進階設定底下 關閉以瀏覽器記錄為準的事件。

顯示進階設定

✧ **捲動**
在每次訪客瀏覽至網頁底部時記錄捲動事件。

外連點擊
每次訪客點擊將他們帶離您網域的連結時，即記錄一次外連點擊事件。根據預設，凡是將使用者從目前網域帶離的連結，都會觸發外連點擊事件。針對跨網域評估所設定 (在「標記設定」中) 的網域，其連結則不會觸發外連點擊事件。

🔍 **站內搜尋**
每次訪客在您網站上執行搜尋 (出現查詢參數) 時，即記錄一次瀏覽搜尋結果事件。根據預設，每次網址中帶有常用搜尋查詢參數的網頁載入時，就會觸發搜尋結果事件。請到進階設定調整 要查看的參數。

隱藏進階設定

搜尋字詞查詢參數 ⑦
請依優先順序指定最多 10 個參數，並以半形逗號分隔。系統只會 使用第一個相符參數。

> q,s,search,query,keyword

其他查詢參數 ⑦
請指定最多 10 個參數並以半形逗號分隔。(不區分大小寫)

> |

在此處，請按優先順序指定站內搜尋關鍵字的查詢參數，並以逗號分隔。如果超過 10 個參數，請在「其他查詢參數」欄位中進行填寫。

3-2 站內搜尋的確認方法

POINT!

- 站內搜尋查詢可利用即時報表或探索報表加以確認
- 不過，在 GA4 中確認站內搜尋相對麻煩
- 連結 Google Lokker Studio 或 BigQuery，可進行自由度更高的分析

■ 在報表中確認站內搜尋

在 GA4 中，由於不再像通用 Analytics（分析）提供「站內搜尋」報表，因此無法輕鬆地確認。這裡介紹以下兩種確認站內搜尋的方法：

1. 透過「即時報表」確認
2. 透過「探索」確認

● 透過「即時報表」確認

想要確認系統是否正確取得站內搜尋的查詢資料，可以透過事件名稱為「view_search_results」的事件加以確認。開啟「事件＞事件」或「參與＞事件」報表，點擊「view_search_results」，便能顯示事件的詳細資訊。

- 開啟「參與＞事件」並選取「view_search_result」事件

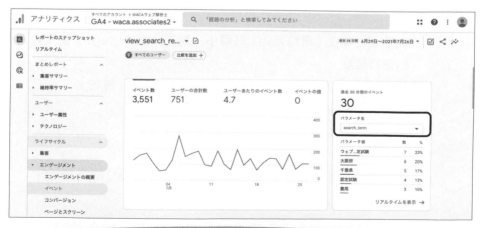

在此頁面中，在「過去 30 分鐘內的事件」中將「參數名稱」選定為「search_term」，就能即時確認正在被搜尋的內容關鍵字。不過，請注意，資料反映可能會有時間延遲，建議您靜待數分鐘後再進行確認。

• 在即時報表中將變數名稱設定為「search_term」

● 透過「探索」確認

另一種方法是透過「探索」功能來確認站內搜尋的查詢資料。關於如何使用「探索」功能，請參考第 5 天的內容。此處僅介紹操作步驟：

1. 從畫面左側的「自訂定義」選單中，將「search_term」設定為事件範圍的自訂維度。
2. 從「探索」選單進入「探索」，並選擇「任意形式」技巧。
3. 點擊維度旁的「+」按鈕，選擇「search_term」。
4. 將「search_term」拖放到維度的「行」上。
5. 將「事件計數」指定為指標。
6. 設定篩選條件，使事件名稱完全符合「view_search_results」。

- 使用探索功能建立的站內搜尋報表

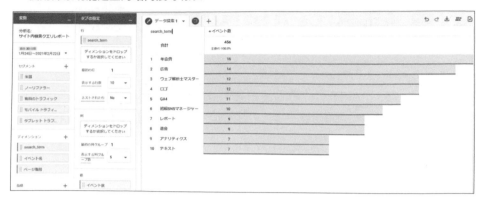

3-3 總整理

站內搜尋有助於了解使用者造訪網站的意圖，或是作為線索改善網站提供或展示資訊的方式。GA4 透過「加強型事件評估」功能，自動收集運用了常見查詢參數的站內搜尋之查詢資料。然而，如果網站中使用的查詢參數不屬於常見範疇，則需要參考本章內容進行設定。

這些經過收集的站內搜尋資料，若是僅利用 GA4 功能進行分析，則目前可用的分析相當受限。如果想進行更深入的分析或驗證假設，建議您參考下一節的內容，並嘗試與 Google Looker Studio 或 BigQuery 等工具進行連結，進行更深層次的分析。

第 **7** 天

3 收集站內搜尋的查詢資料

4 向 BigQuery 匯入資料

在 GA4 中,即使您使用免費版,也能將資料匯出到 BigQuery。本節將介紹運用這些資料的優勢,以及如何活用這些資料。

4-1 向 BigQuery 匯入資料的事前準備

POINT!

- GA4 可以免費使用 BigQuery 匯出功能
- BigQuery 是 Google 提供的雲端資料倉儲服務
- 將 GA4 資源連結至 BigQuery,開始匯出資料

本節所解說的內容適合對用於資料庫的 SQL 語法有一定熟悉程度的人士。

然而,本書並不會涉及 SQL 的詳細內容。請參考專門的 SQL 書籍來瞭解更多資訊。

■ 什麼是 BigQuery

BigQuery 是由 Google 提供的雲端資料倉儲服務,可讓您迅速地查詢大型資料集。基本上為付費服務,但提供一定程度的免費查詢量。

進階使用實例如以下兩點:

① 可以與離線資料等其他資料結合進行分析。
② 可以使用 BigQuery ML 等機器學習功能。

在 BigQuery 中，可以使用 SQL 這種「高自由度的資料庫語言」。透過 SQL 處理原始紀錄檔資料，進行 GA4 中無法實現的、更加廣泛的分析。關於 BigQuery 的更多資訊，請參考下列網頁。

BigQuery 官方網站

https://cloud.google.com/bigquery

BigQuery 定價

https://cloud.google.com/bigquery/pricing

■ BigQuery 連結設定

將 GA4 資源連結至 BigQuery 的方法，請參考官方說明文件的詳細步驟指示。本書將重點摘要在官方說明文件中需要留意的幾點事項。

BigQuery 連結設定

https://support.google.com/analytics/answer/9823238

設定連結時的注意事項

- 在 GA4 進行連結設定之前，需要完成官方說明頁中的第一步「啟用 BigQuery API」（建立 Google API 控制台專案並啟用 BigQuery）和第二步「建立 BigQuery 專案」（為 BigQuery Export 備妥專案）。
- 區域設定為「預設（US）」，如欲在台灣使用，建議您選擇「asia-northeast1」。
- 選擇匯出時要納入的資料串流。

第**7**天

4 向 BigQuery 匯入資料

■ 匯出至 BigQuery 之資料的確認方法

匯出到 BigQuery 的 GA4 資料，可以在已連結的 BigQuery 專案內確認。當資料被匯出到 BigQuery 時，會在已設定連結的 BigQuery 專案內自動建立一個包含該 GA4 資源 ID 的資料集。資料集中會自動建立名稱包含「events_」的資料表，被匯出的資料便會儲存於此。

- **BigQuery 的 SQL 工作區畫面**

點擊包含「events_」名稱的資料表後，資料表內儲存的資料摘要會顯示在右側，您可以從「架構」或「預覽」中檢視資料詳情。

在「架構」部分，您可以檢查資料是如何以不同的欄位名稱、類型、模式被儲存。關於架構的詳細資訊，請參閱 Firebase 的官方說明文件。

參考　「架構」(schema) 之官方說明
https://support.google.com/firebase/answer/7029846

- **架構分頁**

𝄜	events_20210804	2021-08-04 ▾		🔍 クエリ	＋共有	🗐 コピー	🗑 削除	⬆ エクスポート

スキーマ 　詳細 　プレビュー

テーブル スキーマ

🔻 フィルタ 　プロパティ名または値を入力 　　　　　　　　　　　　　　　❓

フィールド名	種類	モード	ポリシータグ ❓	説明
event_date	STRING	NULLABLE		
event_timestamp	INTEGER	NULLABLE		
event_name	STRING	NULLABLE		
▶ event_params	RECORD	REPEATED		
event_previous_timestamp	INTEGER	NULLABLE		
event_value_in_usd	FLOAT	NULLABLE		
event_bundle_sequence_id	INTEGER	NULLABLE		

在「預覽」中，可以檢視資料表實際上以何種形式納入資料。

- **預覽分頁**

𝄜	events_20210804	2021-08-04 ▾		🔍 クエリ	＋共有	🗐 コピー	🗑 削除	⬆ エクスポート

スキーマ 　詳細 　プレビュー

⚠ 値が重複しているか結果が複雑なため、ページあたりの行数制限の 200 に達しました。これを反映して、21 件の結果を表示しています。

行	event_date	event_timestamp	event_name	event_params.key	event_params.value.string_value
1	20210804	1628018091979444	first_visit	ga_session_id	*null*
				ga_session_number	*null*
				page_title	[KIT] Top 5 Best Coffee Beans In The World | WACA | Web Ana
				page_location	https://www.waca.associates/en/growthhacking/top-5-best-c
2	20210804	1628018091979444	session_start	ga_session_number	*null*
				page_location	https://www.waca.associates/en/growthhacking/top-5-best-c
				page_title	[KIT] Top 5 Best Coffee Beans In The World | WACA | Web Ana
				ga_session_id	*null*

4-2 BigQuery 的資料分析方法

POINT!

- 使用 SQL 對匯入至 BigQuery 的資料進行分析
- 利用 SQL，實現 GA4 探索功能及 Google Looker Studio 無法實現的進階分析
- 將 SQL 查詢結果在 Google Looker Studio 視覺化呈現，拓展 BigQuery 資料的應用範圍
- 將 GA4 資源連結至 BigQuery，開始匯出資料

■ 運用 SQL 的分析案例

匯入至 BigQuery 的資料，其分析方法大致可分為以下兩種：

① 在 BigQuery 中使用 SQL 進行分析。

② 透過如 Google 試算表、Google Looker Studio 或 Tableau 等第三方工具，連結 BigQuery 並進行分析。

這裡我們將展示如何使用 SQL 在 BigQuery 中分析儲存於表格中的資料。

SQL 是一種基於關聯式資料庫（Relational Database）的程式語言，這種語言執行對關聯式資料庫中資料的檢索和操作。運用 SQL 來處理原始紀錄檔資料，可以提取並分析在 GA4 標準報表（參見第 3 天學習內容）或分析功能（參見第 5 天學習內容）中無法確認的資料。

在這個例子中，我們將介紹如何提取「在工作階段中使用站內搜尋時的首次搜尋和工作階段中的第二次搜尋（重複搜尋）」的方法。

首先，開啟已匯入的資料表，點擊「查詢表格」，開啟 SQL 編輯器並輸入 SQL 語法。

- 「查詢表格」按鈕

接下來，在編輯器中輸入以下提供的 SQL 語法，並點擊「執行」，就可以獲得首次搜尋和重複搜尋的結果。

- SQL 編輯器畫面

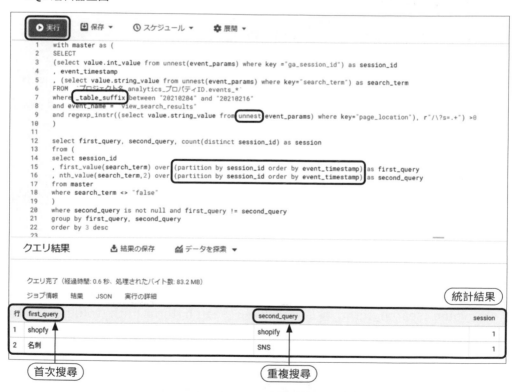

以下為本例出現的 SQL 語法的重點摘要：

● _table_suffix

從 GA4 匯出的資料在 BigQuery 上會按日期分開並建立表格。因此，若要分析涵蓋多個日期的資料，則需要對多個表格執行 SQL 查詢。

第 6 行和第 7 行的格式就是為了達成此目的。在 FROM 子句中指定的表格名稱加上「*」，變為萬用字元指令（不指定特定日期之指令），並在 where 子句中使用 _table_suffix 指令來指定「分析對象的起始日期」和「分析對象的結束日期」，這樣就可以將多個表格納為分析對象。關於萬用字元表格的詳細資訊，請參閱官方指南。

「使用萬用字元查詢多個表格」之官方說明文件
https://cloud.google.com/bigquery/docs/querying-wildcard-tables

● unnest

單個事件可能會有多種「屬性」，這些屬性以參數的形式「嵌套」在事件中。如欲使用嵌套在「內部」的參數值，則需要使用 unnest 函數將「嵌套」轉換為可以作為「表格」處理的格式，並使用 select 子句和 where 子句提取。

● partition by 和 order by

在第 15 行和第 16 行中，使用了 Window 函數之一的「first_value」函數和「nth_value」函數，請看函數之 over 部分。

首先，以 partition by 指定 session_id，建立相同 session_id 的紀錄集合。

然後，將該集合按 event_timestamp，以時間先後進行排序，利用 first_value（search_term）獲取最先出現的 search_term，nth_value（search_term,2）獲取第二次出現的 search_term。

利用 Google Looker Studio 視覺化、分享

第 6 天介紹過的「Google Looker Studio」可以將以 SQL 取得的查詢結果視覺化，產出更具說服力的報表。此外，一般來說，能夠使用 Looker Studio 的使用者人數，遠高於懂得使用 SQL 的人，因此，若要共用 SQL 查詢結果，Looker Studio 是一個相當有效的工具。

從查詢結果的「探索資料」分頁，點擊「在 Google Looker Studio 中查看」，將查詢結果轉移到 Google Looker Studio 介面並以引用狀態顯示。

• **在 Google Looker Studio 中查看**

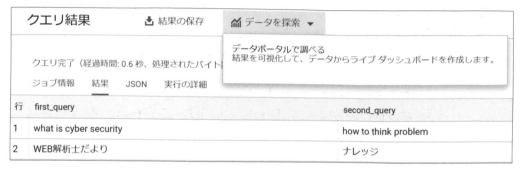

在 Google Looker Studio 中，您可以選擇欲使用的資料維度、指標和圖表類型，將資料視覺化呈現。關於 Google Looker Studio 的更多資訊，請參閱官方網頁說明。

• **Google Looker Studio 頁面**

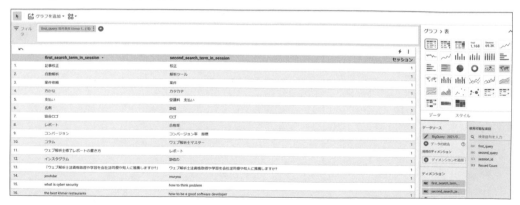

第 **7** 天

4 向 BigQuery 匯入資料

Google Looker Studio 之官方介紹
https://cloud.google.com/looker-studio?hl=zh-TW

4-3 總整理

GA4 的主要特色之一是，即使是免費版本，也支援將資料匯出至 BigQuery，此功能在之前的通用 Analytics（分析）版本中僅限於付費版的 GA360。使用 BigQuery 可以進行更細部的條件指定分析。此外，雖然礙於篇幅所限無法詳細介紹，您還可以將資料與其他資料結合，或是運用機器學習進行分析，增加從分析結果獲得的洞見，並轉化為更加具體可行的改善措施，充分發揮資料的價值。

雖然與 GA4 主題略有偏離，但為了能夠進行這類分析，建議您首先使用 Google 提供的公開資料集來學習操作 BigQuery 並練習 SQL 語法。在您熟練之後，再開始使用從 GA4 匯出的實際資料進行分析。

BigQuery 的 Google Analytics（分析）範例資料集
https://support.google.com/analytics/answer/7586738

適用於 Firebase 的 BigQuery Export 功能
https://support.google.com/firebase/answer/7030014

第 7 天的總整理

 Q1

關於在 GA4 中收集額外資料，下列有兩個正確敘述，請從選項 1~5 中選擇正確答案。

1. GA4 擁有「新增事件」的功能，即使不使用 Google 代碼管理工具，也可以從 GA4 中新增「滾動率達 50%」事件或「會員編號」等資料。

2. 若要在 GA4 中新增自訂事件，需要在 GTM 中進行代碼等設定。

3. 可以新增的資料類型包括事件、點擊和使用者屬性這 3 類。

4. 針對使用者可自行新增的事件，Google 提供了「建議事件」選項。

5. 如果新增了自訂事件，就可以在 GA4 中回溯過去出現的這些事件。

① 只有 1 和 2 正確
② 只有 2 和 3 正確
③ 只有 3 和 4 正確
④ 只有 4 和 5 正確
⑤ 以上皆非

第 **7** 天

Q2

關於使用者自行建立的自訂事件，以下何者正確？

1. 無法將自訂事件設定為轉換。
2. 自訂事件可以儲存在 BigQuery 的原始資料中，但無法在「探索」中使用。
3. 自訂事件無法在「標準報表」中使用，但可以在「探索」中使用。
4. 假如設定了「滾動率達 50%」作為自訂事件，則無法將該事件與觸發該事件的網頁 URL 或網頁標題相關聯。
5. 事件類別、事件動作、事件標籤必須被設定為「參數」。

Q3

關於收集站內搜尋關鍵字的敘述，下列有兩個正確敘述，請從選項 1~5 中選擇正確答案。

1. 無須進行任何設定即可收集站內搜尋關鍵字。
2. 站內搜尋會以 view_search_results 這一事件被記錄。
3. 系統已預設一些站內搜尋關鍵字的識別參數。
4. 所有查詢參數都會被識別為站內搜尋關鍵字。
5. 為了確認「使用站內搜尋的使用者人數」，必須視覺化呈現匯出至 BigQuery 的資料。

① 只有 1 和 2 正確
② 只有 2 和 3 正確
③ 只有 3 和 4 正確
④ 只有 4 和 5 正確
⑤ 以上皆非

Q4

關於從 GA4 將資料匯出到 BigQuery 的敘述，下列有兩個正確敘述，請從選項 1~5 中選擇正確答案。

1. 從 GA4 匯出到 BigQuery 的資料不會成為 BigQuery 的計費對象。
2. 匯出到 BigQuery 的資料會按照日期，分別輸出為不同的表格。

3. 匯出到 BigQuery 的資料之分析方式大致上可分為兩種：①使用 BigQuery 的 SQL；②透過 Google 試算表、Google Looker Studio 或 Tableau 連結 BigQuery。

4. 從 GA4 到 BigQuery 的資料匯出無須任何設定，系統將自動進行。

5. 只有負責資料收集的工程師需要確認匯出到 BigQuery 的資料，而行銷人員只需透過「探索」進行所有分析即可。

① 只有 1 和 2 正確
② 只有 2 和 3 正確
③ 只有 3 和 4 正確
④ 只有 4 和 5 正確
⑤ 以上皆非

Q5 請選出在 GA4 提供「探索」功能的情況下，仍應該分析匯出到 BigQuery 的資料之情境，請從選項 1~5 中選擇正確答案。

1. 希望利用 BigQuery 提供的機器學習進行分析。

2. 想要回答「探索」無法視覺化呈現的問題，例如「使用特定關鍵字的使用者再次搜尋時，那些關鍵字是什麼？」

3. 希望與離線購買紀錄等其他資料結合進行分析。

4. 對「探索」中建立的報表資料有疑問，想要直接檢視「原始資料」。

5. 想要在 Tableau 或 Power BI 等具有強大視覺化功能的 BI 工具中使用 GA4 的資料。

① 只有 1 正確
② 只有 1 和 2 正確
③ 只有 1 和 2 和 3 正確
④ 只有 1 和 2 和 3 和 4 正確
⑤ 以上皆是

解 答

A1　5

1. 敘述有誤。在 GA4 中，雖然可以透過瀏覽器介面進行「新增事件」，但這個功能為「對已經收集的資料設定條件，並作為另一事件記錄」，而不是收集自訂事件。

2. 正確。

3. 敘述有誤。透過 Google 代碼管理工具新增的代碼所能收集的資料類型是事件和使用者屬性這兩種。

4. 正確。

5. 敘述有誤。透過 Google 代碼管理工具新增代碼以收集自訂事件，只有從進行該操作的那天起才會開始記錄該自訂事件。

A2　3

1. 敘述有誤。透過 Google 代碼管理工具新增的代碼而收集的自訂事件也可以設定為轉換。

2. 敘述有誤。透過 Google 代碼管理工具新增的代碼而收集的自訂事件可以在「探索」功能中使用。

3. 正確。

4. 敘述有誤。系統會自動收集 page_location、page_title、medium、ga_session_id 等參數。

5. 敘述有誤。在 Google Analytics 4（GA4）中，「事件」的定義有別於通用 Analytics（分析），因此 GA4 中不存在「事件類別」、「事件動作」、「事件標籤」等概念。

A3

2

1. 敘述有誤。需要開啟「加強型事件評估」的「站內搜尋」功能。
2. 正確。
3. 敘述有誤。系統預設收集以下 5 種參數：「q, s, search, query, keyword」。
4. 敘述有誤。除了預設的「q, s, search, query, keyword」之外，還可以透過使用者額外設定的參數來識別站內搜尋關鍵字。
5. 敘述有誤。可以運用「探索」中的「區隔」功能確認使用站內搜尋功能的使用者數量。

A4

2

1. 敘述有誤。BigQuery 的標準計費規則是基於資料儲存量與查詢量而定。BigQuey 也提供了一定的免費使用配額，如果資料量在此範圍內則不會產生實際費用。詳細資訊請參考：BigQuery 定價（https://cloud.google.com/bigquery/pricing）。
2. 正確。
3. 正確。
4. 敘述有誤。需要在管理介面進行「BigQuery 連結設定」。
5. 敘述有誤。當需要進行的分析超出「探索」功能範疇時，網站分析負責人需要檢視並分析 BigQuery 中的資料。

第 **7** 天

A5

5

運用 BigQuery 匯出的資料進行分析的情況可以歸納為以下幾種情形：

1. 運用機器學習功能。

2. 執行「探索」功能無法進行的分析。

3. 與其他資料結合進行分析。

4. 驗證「探索」報表之結果。

5. 使用 BI 工具（如 Tableau 或 Power BI）進行資料視覺化和分析。

附錄

FAQ：常見問題

FAQ：常見問題

1 通用Analytics（分析）與GA4在頁面瀏覽數和工作階段數不同的原因是什麼？

通用 Analytics（分析）和 GA4 雖然都是 Google Analytics（分析）產品，但它們的資料模型本質上並不相同。請將它們視為不同的產品，因此頁面瀏覽數和工作階段數存在差異實際上是正常的。

2 我在GA4中找不到以前在通用Analytics（分析）中使用的報表，該怎麼辦？

雖然通用 Analytics（分析）和 GA4 都是 Google Analytics（分析），但它們的報表結構有很大差異。在 GA4 中，許多之前存在的報表已經不再提供。如果您找不到所需的報表，請嘗試使用「探索」功能來建立報表。

3 我找不到可以確認跳出率的報表，該怎麼辦？

在 GA4 中，跳出率這一指標已經被取消，取而代之的是「參與度」指標。當發生至少 10 秒的頁面停留、工作階段中瀏覽超過 2 頁，或發生至少一次轉換時，將記錄參與度。

4 沒有「資料檢視」功能，該如何向客戶展示資料？

您可以透過共用「探索」中建立的報表來與其他有存取權限的使用者分享報表。您可以建立套用區隔或篩選器的報表，並使用共用功能，讓客戶和其他使用者查看相同的報表。

5　將資料輸入BigQuery的好處有哪些？

以下是 3 個主要好處：

①可以進行「探索」功能無法完成的分析。

②可以進行機器學習分析。

③可以結合 CRM 資料等其他資料。

6　什麼時候應該使用同類群組探索？

為了有效促進業務成長，需要「新獲得的客戶持續增加 LTV（顧客終身價值）」。因此，了解「哪些新獲得的客戶群正在增加 LTV，哪些新客戶群沒有」這一點非常重要。

如上所述，同類群組探索可將新客作為「群組」進行分析。

7　GA4是否有「區隔」功能？

GA4 的確提供「區隔」功能，但在 GA4 提供的標準報表中無法使用，只能在「探索」中使用者自行建立的報表中建立、編輯和套用區隔。

另一方面，在標準報表中，您可以使用「比較」功能。比較功能能夠顯示資料的子集（符合特定條件的部分資料），並能夠視覺化呈現經過篩選的值。

有關「比較項目」的更多資訊，請參閱以下官方說明：〔GA4〕在報表中套用比較項目（https://support.google.com/analytics/answer/9269518）

8　如果我想衡量在YouTube上投放的廣告效果，應該按什麼順序查看？

如果您的 YouTube 廣告旨在引導使用者造訪您的網站，請為您投放的廣告添加 utm 參數，然後可以在「獲客 > 獲取新客」報表中檢查獲取新客的情形，在「獲客 > 流量開發」報表中檢查工作階段的獲得情形。如果您事先在 GA4 中設置了轉換追蹤，還可以檢查廣告帶來的轉換數。

9   廣告的參數設定規則是否與以前相同？

通用 Analytics（分析）和 GA4 的參數規定規則是一樣的。

10   BigQuery是否只適用於大型網站？它的收費標準為何？

即使是 GA4 匯出的資料，也會根據 BigQuery 的標準收費規則而計費。

BigQuery 的收費分為兩部分：1. 儲存費用；2. 查詢費用。更多詳情請參考官方說明：BigQuery 定價（https://cloud.google.com/bigquery/pricing）

11   我在GA4中找不到Google Search Console的整合，是否已經取消了？

截至 2021 年 8 月，GA4 尚未與 Google Search Console 整合，相關報表已被移除。

12   我在GA4中找不到重複訪問者分析。該怎麼辦？

在 GA4 中，通用 Analytics（分析）標準報表中的「新客與回訪者」報表已經不存在。然而，在 GA4 中，您可以在「探索」中建立的報表裡使用「新客／熟客」維度。雖然「新客」的定義是「過去 7 天內首次造訪網站的使用者」，這與通用 Analytics（分析）中的「新客」定義不同，但它可以作為一個類似的維度使用。如果您想獲得與通用 Analytics（分析）中的「新客」等效的維度，您可以使用事件名稱為「first_visit」之事件。

13   我想將GA4轉回之前的資源，請問該如何操作？

關於這一問題，請參考官方說明：〔GA4〕為什麼 Google Analytics（分析）看起來不一樣？（https://support.google.com/analytics/answer/10315383）

14   我找不到Google Analytics的追蹤ID。

Google Analytics 已改用「評估 ID」（以 G 開頭的 ID）。您可以在「管理 > 資料串流」中找到顯示的串流名稱，點擊並進行確認。

15　在通用Analytics（分析）中設定的事件是否可以在GA4中繼續使用而無須變更？

在通用 Analytics（分析）中收集的事件無法在 GA4 中直接使用。您需要在 Google 代碼管理工具中進行新的代碼設定，以新方式收集適用於 GA4 的事件。

另一方面，GA4 透過「加強型評估」功能，收集例如「90% 滾動率」或「文件下載」等事件。首先請評估這些事件是否足以滿足您的需求，如否，則您需要收集自訂事件。相關內容請參考本書「第 7 天」章節。

16　什麼情況下會使用串流ID？

串流 ID 是匯入資料的關鍵。更多詳情請參閱官方說明：

〔GA4〕匯入使用者資料（https://support.google.com/analytics/answer/10071143）

17　使用者屬性是什麼，並在什麼情況下使用？

使用者屬性是用來以使用者為範圍的屬性資訊（如會員資料、性別、年齡等）的自訂維度。透過 Google 代碼管理工具將使用者屬性傳送到 GA4 後，可以在「探索」中使用。

更多相關資訊請參閱本書「第 7 天」章節。

18　GA4中的使用者定義是否與通用Analytics（分析）相同？

GA4 提供了以下兩種使用者識別方法：

① 根據 User-ID、Google 訊號、Cookie

② 僅根據 Cookie

其中，第一種方法是 GA4 新增的使用者識別方式。因此，如果選擇這種設定，使用者的定義將與通用 Analytics（分析）有所不同。

19　目前正在使用的是通用Analytics（分析），一定非得更新到GA4版本不可嗎？

根據 2021 年 6 月時的最佳實踐，建議同時使用通用 Analytics（分析）和 GA4。原因如下：

① 導入 GA4 不會影響現有的通用 Analytics（分析），因此可以隨時導入。

② 為了熟悉 GA4 並學習其操作，擁有自己的 GA4 帳戶百利而無一害。

③ 導入 GA4 並開始收集資料，以供日後回溯參照。

請參閱本書「第 1 天 2-3 常見誤解與注意事項：GA4 的常見誤解」一節。

20　探索的「區隔重疊」功能應在何時使用？

舉例來說，您可以建立「瀏覽了內容 A 的使用者」和「進行轉換的使用者」兩個區隔，並檢查這兩個區隔的重疊。這樣可以了解瀏覽內容 A 的使用者中有多少人進行了轉換，從而視覺化呈現內容之於使用者轉換的貢獻。

21　如何查看每個頁面URL的頁面瀏覽次數？

在「探索」中，「page_location」參數代表頁面的 URL。因此，您可以在任意形式報表中，將 page_location 指定為維度，將事件數指定為指標，並套用「事件名稱等於 page_view」的篩選條件，即可查看各個頁面的瀏覽次數。

22　工作階段會消失嗎？

不會。工作階段以 session_start 事件被記錄。在「探索」中，也存在可指定為指標的「工作階段」維度。

23 UserID、Google訊號、裝置ID有何不同？

UserID 是可以自行設定的 ID，通常指會員 ID。Google 訊號是與 Google 帳戶相關聯的網站或應用程式的工作階段資料，僅適用已開啟廣告個人化功能的使用者。裝置 ID 在網頁情況下為 Cookie，在應用程式情況下則為每個應用裝置的 ID。

在 GA4 中，為了識別使用者，會優先使用 UserID。如果 UserID 不可用，則使用 Google 訊號，如果 Google 訊號也不可用，則會使用裝置 ID 作為辨識使用者的方式。

24 有沒有官方提供可學習GA4的服務？

請參考以下兩項免費學習資源：

- 官方說明：https://support.google.com/analytics/?hl=zh-Hant&sjid=16572229580493675163-NA#topic=14090456
- 好學堂：https://skillshop.withgoogle.com/intl/zh-TW_ALL/

附錄

索引

索引

■作者

窪田望（くぼた のぞむ）

〔作者團隊中的角色（以下同）：編輯長〕

Creator's NEXT 株式會社 CEO 暨創辦人。出生於美國紐約州。畢業於慶應義塾大學綜合政策學部。於 2019 年和 2020 年，從 37,000 人士中被連續兩年評選為日本最佳網站分析師（Best of Best）。

江尻俊章（えじり としあき）〔編輯〕

出生於福島縣磐城市。從 2000 年開始進行網站分析，擁有許多協助中小企業業績快速成長的案例。於 2012 年就任 WACA 代表理事。

小川卓（おがわ たく）〔監修〕

HAPPY ANALYTICS 株式會社代表董事。曾於 Recruit、CyberAgent、Amazon Japan 等公司擔任網站分析師後獨立創業。擁有多部關於網頁存取分析的著作。

木田和廣（きだ かずひろ）〔撰稿〕

畢業於早稻田大學政治經濟學部。Principal 株式會社副社長。在 Analytics Association 等舉辦的研討會擔任講師，擁有統計檢定 2 級資格。著作包括《できる逆引き Google アナリティクス 実践 ワザ 260》等書。

神谷英男（かみや ひでお）〔撰稿〕

March Consulting 代表。擁有「網路分析師大師」認證，旨在支援中小企業改善其數位行銷。專長為 Google 代碼管理工具的資料收集環境建設、網站的綜合診斷、戰略規劃和改進提案。連續 4 年獲得網站分析師獎。

礒崎將一（いそざき まさかず）〔撰稿〕

OCEANS 株式會社代表董事。畢業於關西學院大學文學部。擁有「網路分析師大師」認證。在大型廣告代理店和網路廣告代理店工作後獨立創業。專注於網頁存取分析、網路廣告和網站改善等，支援企業的數位行銷業務。

■各章節執筆、協助

〔第 1 天〕

山田智彥（やまだ ともひこ）

Meitz 株式會社行銷團隊。網站分析師。大學時期的教育實習經驗激發了他對 ICT 教育的熱忱。目前在科技教育企業 Meitz 株式會社擔任行銷人員，主要負責面向補習班的 ICT 教材之行銷業務。

富田一年（とみた かずとし）

iCloud 株式會社代表董事／創辦人。Google Partners Academy 認證培訓師／Google 講師。2012 年獲得「網站分析師大師」認證，2015 年及 2016 年獲 WACA 最佳培訓師獎。也負責〔第 5 天〕的撰寫。

佐藤佳（さとう けい）

出生於愛知縣。高級網站分析師。擔任 Snow Peak Business Solutions 株式會社總裁室經理。獲得 2018 年 WACA Awards The Best Go-Getter 獎項。

岡山壽洋（おかやま としひろ）

高級網站分析師。出社會的前 7 年幾乎未涉足數位行銷領域，為了職涯成長努力成為高級網站分析師。目前投身於數位行銷產業，並持續學習中。

芹澤和樹（せりざわ かずき）

ADK Marketing Solutions 株式會社資深策劃師／團隊負責人。高級網站分析師。曾任職於旅行、房地產、人力資源、金融、電子商務、B2B 等多個產業領域。憑借豐富經驗為企業提供助力，如策略規劃與網頁造訪分析等。

高橋修（たかはし おさむ）

高級網站分析師。協助設立任職公司內部的數位行銷團隊，負責數位行銷策劃及實施。專長包括網站企劃製作、網頁造訪分析與最佳化、SEO。

永井那和（ながい ともかず）

網站分析師／高級 SNS 經理人／語言人類學博士。在 Spiber 株式會社負責行銷部門和企業溝通部門的執行工作，手把手處理行銷、品牌塑造、溝通等全方位事務。

島田敬子（しまだ けいこ）

30 歲時從金融業轉行至網路業，曾擔任策劃師、網站指導員、電子商務顧問等職位。2019 年獲得網站分析師認證。目前以「數位醫生」身分活躍，幫助中小企業數位轉型。

沖本一生（おきもと かずき）

任職於 Digital Identity 株式會社。Google Ads 產品專家。曾任 Bruce Clay 社旗下日本法人 PPC Div. 並擔任負責人。擅長以數位行銷改善業務收益。也負責〔第 7 天〕的撰寫。

稻葉修久（いなば のぶひさ）

RI Consulitng 株式會社代表董事。網站分析師大師／首席 SNS 經理人／臨床檢驗技師。2011 年成立法人，專注於網站分析相關講座，每年開設超過 200 次，並有海外演講經驗。連續 3 年獲得網站分析師獎。

阿部大和（あべ やまと）

BSMO data solution 事業部事業部長／網站分析師大師。曾任職於網頁製作公司、工具供應商，並從事 SEO 市場行銷，目前專注以 D2C×SNS 拓展全球市場，負責 BSMO 株式會社的市場拓展業務。也負責〔第 3 天〕的撰寫。

〔第 3 天〕

井水大輔（いみず だいすけ）

S'Factory 株式會社代表。專注於以資料為基礎改進網站，協助企業增加銷售額。至今舉辦的研討會和培訓課程已超過 3,000 人參加。曾多次獲得網站分析獎和 CSS *nite* 等獎項。主要著作包括《コンバージョンを上げる Web デザイン改善集》。

伊村ミチル（いむら みちる）

3kaku 株式會社董事。網站分析師大師。擁有多年大型企業網站分析及建設經驗，專注於數位行銷、個人及企業的網站分析培訓。

〔第 4 天〕

古橋香緒里（ふるはし かおり）

Face Intelligence & co. 株式會社代表董事，擁有「網站分析師大師」認證。負責中小企業的網站行銷策劃至製作、營運。自 2007 年創業以來，為企業組織擔任如同網站負責人的角色，與企業進行長期合作。

田中佑弥（たなか ゆうや）

Value Creation 株式會社行銷策略室室長。高級網站分析師。負責車輛評估、買賣窗口（car-soudan-mado. com），拆除窗口（kaitai-mado.jp）等創造新價值的媒體業務。也負責〔第 5 天〕的撰寫。

石本憲貴（いしもと のりたか）

Tomoshibi 株式會社代表董事。擁有「網站分析師大師」認證。以「勝利的網站策略」為準則，提供諮詢顧問服務，並從事企業培訓和研討會講師活動。著有《ウェブ解析スペシャリストが教える！稼ぐサイトをつくる「7 つの秘訣」》。

〔第 5 天〕

小池昇司（こいけ しょうじ）

Modelart 代表、網站分析師大師、IT 協調者、搜尋技術者檢定一級。擔任經營諮詢顧問，專注於與經營成果直接相關的網站市場行銷支援、網站應用人才開發、腦神經行銷學、IT 應用／數位化和強化經營能力。

川村日向子（かわむら ひなこ）

株式會社 Members 成長導向主管、高級網站分析師。2019 年加入株式會社 Members。曾從事飲料製造商的社交媒體營運和補教業的網站分析業務，目前負責報社的網頁媒體營運。也負責〔第 7 天〕的撰寫。

飯牟礼秀一（いいむれ しゅういち）

高級網站分析師。從 2000 年開始主要從事娛樂類網站（電視台、電影、劇院、主題公園）的指導、網站分析和市場行銷。

〔第 6 天〕

白水美早（しろうず みさ）

Transcosmos 株式會社技術諮詢團隊團隊長。以資料諮詢顧問的身分參與網路行銷之成效評估。同時參與網路行銷研討會和寫作活動，協助行銷人員解決業務問題。

佐々木秀憲（ささき ひでのり）

網站分析師大師，株式會社 Task it 代表。在 Recruit 系公司從事銷售和新事業開發等業務後獨立創業，提供網站分析相關課程和諮詢服務。著有《Google データスタジオによるレポート作成の教科書》。也負責〔第 7 天〕的撰寫。

鈴木玲（すずき れい）

經歷雜誌編輯5年、網頁指導10年後成為自由職業者。從東京遷至北海道。擅長媒體營運、分析。同時是財務規劃師，並為大型網站供稿。經營「やさしいにっぽん」網站（https://easy-japanese.jp/）。

〔第7天〕

大岡步夢（おおおか あゆむ）

株式會社 Power Media 董事。開發／銷售網站內搜尋引擎「QAvision」。擅長將問題分解並從整體角度解讀，提供清晰的市場行銷方案。興趣包括樂高、DIY 和自給自足。

河村悠佳（かわむら はるか）

株式會社 Member Data Adventure Company 的資料分析師。從事務工作轉職為行銷人員，從事網頁造訪分析、顧客資料分析和社交媒體營運等工作。目前作為資料分析師，運用資料促進市場行銷與決策過程。

藤田恵司（ふじた けいじ）

在軟銀集團負責網頁造訪分析和業務流程改善後，轉至電子商務公司負責聯盟計劃和行銷技術領域。同時於東京都立產業技術大學院大學產業技術研究科在職進修。

〔漫畫·插圖〕

湊川あい（みなとがわ あい）

IT 漫畫家。擅長以易懂的方式傳達技術知識。著有《わかばちゃんと学ぶ Git 使い方入門》、《わかばちゃんと学ぶ Google アナリティクス》等書。也在 Twitter @llminatoll 上發布有關 Docker、Ruby 等的漫畫。

一週學會 Google Analytics 4｜
迅速打下分析基礎

作　　者：窪田 望 等
編　　輯：久保靖資 / 片元諭
編輯合作：小宮雄介
製　　作：SeaGrape
內文插圖：湊川あい
封面插圖：神林美生 / 湊川あい
封面製作：高橋結花‧鈴木
主　　編：玉卷雄
譯　　者：沈佩誼
企劃編輯：詹祐甯
文字編輯：詹祐甯
設計裝幀：張寶莉
發 行 人：廖文良

發 行 所：碁峰資訊股份有限公司
地　　址：台北市南港區三重路 66 號 7 樓之 6
電　　話：(02)2788-2408
傳　　真：(02)8192-4433
網　　站：www.gotop.com.tw
書　　號：ACN037500
版　　次：2024 年 06 月初版
建議售價：NT$690

國家圖書館出版品預行編目資料

　一週學會 Google Analytics 4：迅速打下分析基礎 / 窪田望等原
　著；沈佩誼譯. -- 初版.-- 臺北市：碁峰資訊, 2024.06
　　面；　公分
　　ISBN 978-626-324-785-7(平裝)
　　1.CST：網路使用行為　2.CST：資料探勘　3.CST：網路行銷
312.014　　　　　　　　　　　　　　　113003549

商標聲明：本書所引用之國內外
公司各商標、商品名稱、網站畫
面，其權利分屬合法註冊公司所
有，絕無侵權之意，特此聲明。

版權聲明：本著作物內容僅授權
合法持有本書之讀者學習所用，
非經本書作者或碁峰資訊股份有
限公司正式授權，不得以任何形
式複製、抄襲、轉載或透過網路散
佈其內容。
版權所有‧翻印必究

本書是根據寫作當時的資料撰寫
而成，日後若因資料更新導致與
書籍內容有所差異，敬請見諒。若
是軟、硬體問題，請您直接與軟、
硬體廠商聯絡。